国家电网有限公司
电力安全工器具管理规定

国家电网有限公司　发布

中国电力出版社
CHINA ELECTRIC POWER PRESS

图书在版编目（CIP）数据

国家电网有限公司电力安全工器具管理规定 / 国家电网有限公司发布. -- 北京 : 中国电力出版社, 2025. 4（2025.9重印）. -- ISBN 978-7-5198-9977-6

Ⅰ. TM08-65

中国国家版本馆 CIP 数据核字第 20253096B0 号

出版发行：中国电力出版社
地　　址：北京市东城区北京站西街 19 号（邮政编码 100005）
网　　址：http://www.cepp.sgcc.com.cn
责任编辑：周秋慧　鲍怡彤
责任校对：黄　蓓　马　宁
装帧设计：张俊霞
责任印制：石　雷

印　　刷：三河市万龙印装有限公司
版　　次：2025 年 4 月第一版
印　　次：2025 年 9 月北京第四次印刷
开　　本：850 毫米×1168 毫米　32 开本
印　　张：2.75
字　　数：72 千字
定　　价：25.00 元

国家电网有限公司关于印发《国家电网有限公司作业风险管控工作规定》等10项通用制度的通知

国家电网企管〔2023〕55号

总部各部门，各机构，公司各单位：

公司组织制定、修订了《国家电网有限公司作业风险管控工作规定》《国家电网有限公司工程监理安全监督管理办法》《国家电网有限公司预警工作规则》《国家电网有限公司电力突发事件应急响应工作规则》《国家电网有限公司安全生产风险管控管理办法》《国家电网有限公司安全生产反违章工作管理办法》《国家电网有限公司业务外包安全监督管理办法》《国家电网有限公司电力安全工器具管理规定》《国家电网有限公司电力建设起重机械安全监督管理办法》《国家电网有限公司安全隐患排查治理管理办法》10项通用制度，经2022年公司规章制度管理委员会第四次会议审议通过，现予以印发，请认真贯彻落实。

国家电网有限公司（印）

2023年2月10日

目　录

国家电网有限公司关于印发《国家电网有限公司作业风险管控工作规定》等 10 项通用制度的通知
第一章　总则 …… 1
第二章　职责分工 …… 2
第三章　采购与验收 …… 7
第四章　试验与检验 …… 8
第五章　使用与保管 …… 9
第六章　报废 …… 11
第七章　检查与考核 …… 12
第八章　附则 …… 13
附录 1　安全工器具分类（规范性附录） …… 14
附录 2　安全工器具管理流程图（资料性附录） …… 20
附录 3　班组安全工器具最低配置表（规范性附录） …… 21
附录 4　变电站安全工器具最低配置表（规范性附录） …… 30
附录 5　水电站（含抽水蓄能）、火电站安全工器具最低配置表（规范性附录） …… 39
附录 6　安全工器具检查与使用要求（资料性附录） …… 43
附录 7　安全工器具保管及存放要求（规范性附录） …… 76
附录 8　安全工器具库房建设要求（资料性附录）（不含带电作业工器具库房） …… 80
附录 9　参考标准 …… 82

国家电网有限公司
电力安全工器具管理规定

规章制度编号：国网（安监/4）289－2022

第一章 总 则

第一条 为了保证工作人员在生产经营活动中的人身安全，确保电力安全工器具（简称安全工器具）产品质量和安全使用，规范安全工器具的管理，根据《电力安全工作规程》《国家电网公司安全工作规定》和《国家电网公司电力安全工作规程》等有关要求，制定本规定。

第二条 本规定所称安全工器具系指为防止触电、灼烫、高处坠落、中毒和窒息、火灾、淹溺、机械伤害等事故或职业危害，保障工作人员人身安全的个体防护装备、绝缘安全工器具、登高工器具、安全围栏（网）和标识牌等专用工具和器具。安全工器具分类详见附录1。

第三条 安全工器具管理遵循“谁主管、谁负责”“谁使用、谁负责”的原则，实行“归口管理、专业负责、分级实施”的模式，严格计划、采购、验收、试验、使用、保管、检查和报废等全过程管理，做到“配置齐备、安全可靠、合格有效”，安全工器具管理流程图详见附录2。

第四条 本规定适用于国家电网有限公司（简称公司）总（分）部及所属各级单位的安全工器具管理工作。公司系统各单位承揽和管理的外部、境外工程项目涉及的安全工器具管理参照执行。

第二章　职　责　分　工

第五条　公司总（分）部、各省公司、直属单位及其所属单位逐级承担本单位的安全工器具管理职责，各级安全监督管理部门负责归口管理和监督工作。

第六条　国网安监部负责公司系统安全工器具的归口管理。建立健全安全工器具管理工作体系和规章制度，组织监督检查和考核，通报安全工器具安全质量事件，推广应用新型安全工器具，运用信息化手段提高安全工器具管理水平。

第七条　公司总部相关部门职责：

（一）国网发展部负责将安全工器具购置更新、试验检测及相关设施建设等相关需求计划纳入综合计划统筹管理。

（二）国网财务部负责将固定资产零星购置、电网基建、生产大修技改和可控费用等业务预算中安全工器具资金需求纳入公司预算统筹平衡，保证资金投入，并按规定组织做好有关资金管理、会计核算等工作。

（三）国网设备部负责带电作业绝缘安全工器具及配网工程安全工器具管理，确定配置标准，汇总、审核本专业年度计划并组织实施。

（四）国网基建部负责输变电工程安全工器具管理，确定配置标准并组织实施。

（五）国网物资部负责按物资采购规范要求，归口管理安全工器具采购、供应商绩效评价等工作。

第八条　各分部、省公司、直属单位安监部门管理职责：

（一）明确专人负责安全工器具的监督管理，监督安全工器具采购、验收、试验、使用、保管和报废等全过程的实施工作。

（二）负责组织汇总、审核所属单位安全工器具需求、采购计划和预算（带电作业绝缘安全工器具和工程建设安全工器具除外），将安全工器具纳入年度安措计划，并组织实施。

（三）组织新型安全工器具的研发、审批和推广应用。

（四）组织对安全工器具管理工作、产品质量进行分析、评价及通报。

（五）负责安全工器具库房、试验检测机构（中心）管理指导和监督工作。

第九条 各分部、省公司、直属单位相关部门职责：

（一）发展部门负责将专业部门审核后安全工器具购置更新、试验检测及相关设施建设等相关需求计划纳入综合计划统筹平衡；在综合计划下达后，及时分解、实施。

（二）财务部门负责将各专业部门审核后的安全工器具项目预算上报公司总部，并按照下达预算及时分解，做好安全工器具有关预算管理、资金管理、会计核算等工作。

（三）运检部门负责汇总、审核所属单位带电作业绝缘安全工器具需求及采购计划，以及配置、检查工作；组织、指导配（农）网工程安全工器具的配置及检查工作。

（四）建设部门负责所属单位输变电工程安全工器具管理，并组织、指导建设工程安全工器具的配置及检查工作。

（五）物资部门负责采购具体实施；组织开展新购到货安全工器具质量抽检和安全工器具报废处置等工作，并将抽检结果中的产品不合格情况纳入供应商不良行为进行处理。

第十条 中国电科院、省电科院职责：

（一）贯彻执行国家有关法律法规和国家、行业及公司安全工器具管理相关制度标准和规程规定。

（二）协助管理部门制定安全工器具相关管理制度和技术标准，并做好相关制度标准的宣贯工作。

（三）协助管理部门指导、监督、检查各单位及其下属试验检测机构（中心）的管理工作，指导各单位安全工器具试验检测机构（中心）建设以及试验人员的专业培训工作。

（四）负责开展对应资质能力范围内安全工器具的型式试验和预防性试验等相关检测工作。

（五）负责新型安全工器具研发、试验、鉴定等工作。

（六）负责支撑安全工器具日常管理工作，协助各省公司级单位开展安全工器具试验检测机构（中心）的资质评审、能力评估工作。

第十一条 省公司级单位所属地市供电企业、送变电施工企业、业务支撑实施机构、直属单位（简称地市公司级单位）安监部门职责：

（一）负责组织开展所属单位安全工器具需求论证，汇总、审核所属单位安全工器具项目年度需求计划，并上报。

（二）负责安全工器具采购、验收、试验、使用、保管、报废等全过程监督管理，组织开展安全工器具管理培训。

（三）负责组织所属单位开展安全工器具监督检查，并进行考核。

（四）负责组织新型安全工器具的推广应用。

（五）负责指导和监督本单位安全工器具库房、试验检测机构（中心）的建设和运维。

第十二条 地市公司级单位相关部门职责：

（一）发展部门负责将安全工器具项目纳入本单位综合计划管理。

（二）财务部门负责将安全工器具资金需求纳入本单位预算管理，做好安全工器具有关资金管理、会计核算等工作。

（三）运检部门负责审核所属单位带电作业绝缘安全工器具需求及采购计划并汇总、上报，以及使用、检查、培训等管理；组织、指导配（农）网工程安全工器具的配置及检查工作。

（四）建设部门负责组织、指导输变电工程安全工器具的配置及检查工作。

（五）物资部门（物资供应中心）负责授权范围内采购实施，组织安全工器具到货交接、仓储、配送等工作；组织实物管理部门做好废旧物资处置管理工作。

第十三条 地市公司级单位所属县供电企业、业务支撑实施机构等（简称县公司级单位）安监部门管理职责：

（一）组织安全工器具需求认证，汇总、审核所属单位安全工器具需求计划及资金需求，建立安全工器具管理台账。

（二）负责落实安全工器具全过程管理措施，组织班组进行安全工器具保管和使用培训。组织新型安全工器具在本单位推广应用。

（三）负责组织开展安全工器具检查，并对发现问题进行整改。

（四）负责指导和监督安全工器具库房、试验检测机构（中心）的日常管理和维护工作。

第十四条 县公司级单位相关部门管理职责：

（一）发展部门负责汇总、上报本单位安全工器具项目。

（二）财务部门负责将本单位安全工器具购置项目资金需求纳入预算并上报，做好安全工器具有关资金管理、会计核算等工作。

（三）运检部门负责带电作业绝缘安全工器具需求审核，编制、上报计划，组织带电作业绝缘安全工器具的现场使用及日常监督检查；组织、指导配（农）网工程安全工器具的配置及检查工作。

（四）建设部门负责组织、指导输变电工程安全工器具的配置及检查工作。

（五）物资部门组织安全工器具到货交接、仓储、配送等工作，组织实物管理部门做好废旧物资处置管理工作。

第十五条 班组（站、所、施工项目部）管理职责：

（一）负责根据配置标准及工作实际，提出安全工器具购置、更换、报废需求。

（二）建立安全工器具管理台账，做到账、卡、物相符，试验报告、检查记录齐全。

（三）负责开展安全工器具使用、保管培训，严格执行操作规定，正确使用安全工器具，严禁使用不合格或超试验周期的安全工器具。

（四）安排专人做好班组安全工器具日常维护、保养及定期送检工作。

第三章　采购与验收

第十六条　各级单位每年应根据公司统一下达的年度综合计划和预算，结合工作实际申报安全工器具采购需求和资金计划。

第十七条　安全工器具质量必须符合国家和行业有关法律、法规、强制性标准和技术规程以及公司相应规程规定的要求。

第十八条　各级单位应选择业绩优秀、质量优良、服务优质的供应商，并优先选用在系统内有一定使用经验、应用情况良好的产品。有型式试验要求的产品应具备有效的型式试验报告。

第十九条　安全工器具应严格履行物资验收手续，由物资部门负责组织验收，安监部门、使用单位、检测机构（中心）参加，验收包括实物清点和功能检验，有预防性试验要求的安全工器具应按照试验规程进行检验。验收合格、各方签字确认后入库或交付使用单位，不合格者应根据物资管理有关规定进行处理。

第二十条　新型安全工器具应经有资质的检测机构检验合格，由地市级公司及以上单位专业部门组织认定，并经分管领导批准后，方可试用。

第四章　试验与检验

第二十一条　安全工器具应通过国家、行业标准规定的型式试验，以及出厂试验和预防性试验。进口产品的试验不低于国内同类产品标准。

第二十二条　安全工器具应由具有资质的安全工器具检测机构（中心）进行检验。预防性试验可由经公司总部或省公司级单位、直属单位组织评审、认可，取得内部检验资质的检测机构（中心）实施，也可委托具有国家认可资质（CMA）的安全工器具检测机构实施。施工企业有资质的可自行检验或可委托有资质的第三方进行检验。

第二十三条　各单位应加强安全工器具检测机构（中心）建设，完善工作体系和机制，有效开展试验工作，及时发现安全工器具缺陷和隐患，保障使用安全。

第二十四条　应进行预防性试验的安全工器具如下所示：

（一）规程要求进行试验的安全工器具。

（二）新购置和自制安全工器具使用前。

（三）检修后或关键零部件经过更换的安全工器具。

（四）对其机械、绝缘性能产生疑问或发现缺陷的安全工器具。

（五）发现质量问题的同批次安全工器具。

第二十五条　安全工器具使用期间应按规定做好预防性试验。预防性试验项目、周期和要求以及试验时间应满足电力安全工器具预防性试验相关规程的要求。

第二十六条　安全工器具经预防性试验合格后，应由检测机构在合格的安全工器具上（不妨碍绝缘性能、使用性能且醒目的部位）牢固粘贴“合格证”标签或电子标签，同时出具检测报告。预防性试验报告和合格证内容、格式应符合相关标准要求。

第五章　使用与保管

第二十七条　各级单位应结合实际为班组配置充足、合格的安全工器具，最低配置标准详见附录3～附录5（标准未涵盖到的由省公司级单位自行制定配置标准），并依托安全风险管控监督平台和信息化手段，建立统一分类的安全工器具编码和台账。使用保管单位应定期开展安全工器具清查盘点，确保账、卡、物一致。

第二十八条　安全工器具使用总体要求：

（一）使用单位每年至少应组织一次安全工器具使用方法培训，新进员工上岗前应进行安全工器具使用方法培训；新型安全工器具使用前应组织针对性培训。

（二）安全工器具使用前应进行外观、试验时间有效性等检查。安全工器具检查与使用要求详见附录6。

（三）绝缘安全工器具使用前、后应擦拭干净。

（四）对安全工器具的机械、绝缘性能不能确定时，应进行试验，合格后方可使用。

（五）现场使用时，安全工器具宜根据产品要求存放于合适的温度、湿度及通风条件处，与其他物资材料、设备设施应分开存放。

第二十九条　安全工器具领用、归还应严格履行交接和登记手续。领用时，保管人和领用人应共同确认安全工器具有效性，确认合格后，方可出库；归还时，保管人和使用人应共同进行清洁整理和检查确认，检查合格的返库存放，不合格或超试验周期的应另外存放，做出“禁用”标识，停止使用。各单位应充分依托安全风险管控监督平台，结合电子标签的推广应用，实现安全工器具使用、出入库等各环节管理的信息化和智能化。

第三十条　安全工器具的保管及存放，必须满足国家和行业标准，并符合产品说明书要求。各单位宜建设安全工器具集中存放库房，规范和改善存放保管条件。安全工器具保管及存放要求详见附录 7；安全工器具库房建设要求详见附录 8。

第三十一条 使用单位公用的安全工器具，应明确专人负责管理、维护和保养。个人使用的安全工器具，应由单位指定地点集中存放，使用者负责管理、维护和保养，班组安全员不定期抽查使用维护情况。

第三十二条 安全工器具在保管及运输过程中应防止损坏和磨损，绝缘安全工器具应做好防潮措施。

第三十三条 使用中若发现产品质量、售后服务等不良问题，应及时报告物资部门和安全监督部门。查实后，由物资部门按照物资管理规定纳入相关信息通报，并对有关供应商进行处理。

第六章　报　　废

第三十四条　安全工器具符合下列条件之一者，即予以报废：

（一）经试验或检验不符合国家或行业标准的。

（二）超过有效使用期限，不能达到有效防护功能指标的。

（三）外观检查明显损坏或零部件缺失的。

第三十五条　报废的安全工器具应及时清理，不得与合格的安全工器具存放在一起，严禁使用报废的安全工器具。

第三十六条　安全工器具报废，由使用保管单位（部门）提出处置申请，并提供相关佐证材料（试验不合格报告书、外观损坏照片、生产日期等），经本单位安监部门审核确认履行相关审批手续后，由物资部门按有关规定进行处置。

第三十七条　报废的安全工器具应去除“合格证”、电子标签等标识，并对安全工器具及可单独使用的部件进行破坏性处理，确保无法使用。

第三十八条　安全工器具报废情况应纳入管理台账做好记录，报备存档。

第七章　检查与考核

第三十九条　班组（站、所）应每月对安全工器具进行全面检查，做好检查记录；对发现不合格或超试验周期的应隔离存放，做出“禁用”标识，停止使用。

第四十条　县公司级单位应每季对安全工器具使用和保管情况进行检查；地市公司级单位应每半年对所属单位的安全工器具进行监督检查；省公司级单位应至少每年组织一次对所属单位安全工器具管理工作进行监督检查。发现不合格安全工器具或管理方面存在的薄弱环节，督促责任单位、班组及时整改。

第四十一条　各级安监部门应对各类检查发现的安全工器具存在问题进行统计分析，查找原因，从管理上提出改进措施和要求，及时发布相关信息。每年对安全工器具管理进行综合评价。

第四十二条　对安全工器具使用和各类检查中及时发现问题和隐患、避免人身和设备事件的单位和人员，应予以表扬和奖励。

第四十三条　因安全工器具管理不到位引发安全事故（事件）的，严格按照国家有关法律法规和公司事故（件）调查处理有关规定执行。公司将依据安全奖惩有关规章制度，严肃追究相关责任单位和人员责任。

第八章　附　　则

第四十四条　本规定由国网安监部负责解释并监督执行。

第四十五条　本规定自 2023 年 3 月 3 日起施行。原《国家电网公司电力安全工器具管理规定》［国网（安监/4）289-2014］同时废止。

附录：1. 安全工器具分类

2. 安全工器具管理流程图

3. 班组安全工器具最低配置表

4. 变电站安全工器具最低配置表

5. 水电站（含抽水蓄能）、火电站安全工器具最低配置表

6. 安全工器具检查与使用要求

7. 安全工器具保管及存放要求

8. 安全工器具库房建设要求

9. 参考标准

附录 1

安全工器具分类
（规范性附录）

安全工器具分为个体防护装备、绝缘安全工器具、登高工器具、安全围栏（网）和标识牌等四大类。

一、个体防护装备

个体防护装备是指保护人体避免受到急性伤害而使用的安全用具，包括安全帽、防护眼镜、自吸过滤式防毒面具、正压式消防空气呼吸器、安全带、安全绳、连接器、速差自控器、导轨自锁器、缓冲器、安全网、静电防护服、防电弧服、耐酸服、SF_6防护服、屏蔽服装、耐酸手套、耐酸靴、导电鞋（防静电鞋）、个人保安线、SF_6气体检漏仪、含氧量测试仪及有害气体检测仪等。

（1）安全帽是对人头部受坠落物及其他特定因素引起的伤害起防护作用的装备，由帽壳、帽衬、下颏带及附件等组成。

（2）防护眼镜是在进行检修工作、维护电气设备时，保护工作人员不受电弧灼伤以及防止异物落入眼内的防护用具。

（3）自吸过滤式防毒面具是在有氧环境中使用的呼吸器。

（4）正压式消防空气呼吸器是在无氧环境中使用的呼吸器。

（5）安全带是防止高处作业人员发生坠落或发生坠落后将作业人员安全悬挂的个体防护装备，一般分为围杆作业安全带、区域限制安全带和坠落悬挂安全带。

1）围杆作业安全带是通过围绕在固定构造物上的绳或带将人体绑定在固定构造物附近，使作业人员双手可以进行其他操作的安全带。

2）区域限制安全带是用于限制作业人员的活动范围，避免其到达可能发生坠落区域的安全带。

3）坠落悬挂安全带是指高处作业或登高人员发生坠落时，将作业人员安全悬挂的安全带。

（6）安全绳是连接安全带系带与挂点的绳（带、钢丝绳等），一般分为围杆作业用安全绳、区域限制用安全绳和坠落悬挂用安全绳。

（7）连接器是可以将两种或两种以上元件连接在一起、具有常闭活门的环状零件。

（8）速差自控器是一种安装在挂点上、装有一种可收缩长度的绳（带、钢丝绳）、串联在安全带系带和挂点之间、在坠落发生时因速度变化引发制动作用的装置。

（9）导轨自锁器是附着在刚性或柔性导轨上，可随使用者的移动沿导轨滑动，因坠落动作引发制动的装置。

（10）缓冲器是串联在安全带系带和挂点之间，发生坠落时吸收部分冲击能量、降低冲击力的装置。

（11）安全网用来防止人、物坠落，或用来避免、减轻坠落及物击伤害的网具。安全网一般由网体、边绳及系绳等构件组成。安全网可分为平网、立网和密目式安全立网。

（12）静电防护服是用导电材料与纺织纤维混纺交织成布后做成的服装，用于保护线路和变电站巡视及地电位作业人员免受交流高压电场的影响。

（13）防电弧服是一种用绝缘和防护的隔层制成的保护穿着者身体的防护服装，用于减轻或避免电弧发生时散发出的大量热能辐射和飞溅融化物的伤害。

（14）耐酸服是适用于从事接触和配制酸类物质作业人员穿戴的具有防酸性能的工作服，它是用耐酸织物或橡胶、塑料等防酸面料制成。耐酸服根据材料的性质不同分为透气型耐酸服和不透气型耐酸服两类。

（15）SF_6防护服是为保护从事 SF_6电气设备安装、调试、运行维护、试验、检修人员在现场工作的人身安全，避免作业人员遭受氢氟酸、二氧化硫、低氟化物等有毒有害物质的伤害。SF_6防护服包括连体防护服、SF_6专用防毒面具、SF_6专用滤毒缸、工作手套和工作鞋等。

（16）屏蔽服装是由天然或合成材料制成，其内完整地编织有导电纤维，用于防护工作人员等电位带电作业时免受电场影响。

（17）耐酸手套是预防酸碱伤害手部的防护手套。

（18）耐酸靴是采用防水革、塑料、橡胶等为鞋的材料，配以耐酸鞋底经模压、硫化或注压成型，具有防酸性能，能在酸溶液溅泼到足部时保护足部不受伤害的防护鞋。

（19）导电鞋（防静电鞋）是由特种性能橡胶制成的，在 220～500kV 带电杆塔上及 330～500kV 带电设备区非带电作业时为防止静电感应电压所穿用的鞋子。

（20）个人保安线是用于防止感应电压危害的个人用接地装置。

（21）SF_6气体检漏仪是用于绝缘电气设备现场维护时，测量SF_6气体含量的专用仪器。

（22）含氧量测试仪及有害气体检测仪是检测作业现场（如坑口、隧道等）氧气及有害气体含量、防止发生中毒事故的仪器。

（23）防火服是消防员及高温作业人员近火作业时穿着的防护服装，用来对其上下躯干、头部、手部和脚部进行隔热防护。

（24）救生衣、救生圈等是用于水上作业时的救生装备。

二、绝缘安全工器具

绝缘安全工器具分为基本绝缘安全工器具、带电作业绝缘安全工器具和辅助绝缘安全工器具。

（一）基本绝缘安全工器具

基本绝缘安全工器具是指能直接操作带电装置、接触或可能接触带电体的工器具，包括电容型验电器、携带型短路接地线、绝缘杆、核相器、绝缘遮蔽罩、绝缘隔板、绝缘绳和绝缘夹钳等。

（1）电容型验电器是通过检测流过验电器对地杂散电容中的电流来指示电压是否存在的装置。

（2）携带型短路接地线是用于防止设备、线路突然来电，消除感应电压，放尽剩余电荷的临时接地装置。

（3）绝缘杆是由绝缘材料制成，用于短时间对带电设备进行操作或测量的杆类绝缘工具，包括绝缘操作杆、测高杆、绝缘支拉吊线杆等。

（4）核相器是用于鉴别待连接设备、电气回路的相位是否相同的装置，包括有线核相器和无线核相器。

（5）绝缘遮蔽罩由绝缘材料制成，起遮蔽或隔离的保护作用，防止作业人员与带电体发生直接接触。

（6）绝缘隔板是由绝缘材料制成，用于隔离带电部件、限制工作人员活动范围、防止接近高压带电部分的绝缘平板。绝缘隔板又称绝缘挡板，应具有很高的绝缘性能，它可与 35kV 及以下的带电部分直接接触，起临时遮栏作用。

（7）绝缘绳是由天然纤维材料或合成纤维材料制成的具有良好电气绝缘性能的绳索。

（8）绝缘夹钳是用来装拆高压熔断器或执行其他类似工作的绝缘操作钳。

（二）带电作业绝缘安全工器具

带电作业绝缘安全工器具是指在带电装置上进行作业或接近带电部分进行作业所使用的工器具，特别是工作人员身体的任何部分或采用工具、装置或仪器进入限定的带电作业区域的所有作业所使用的工器具，包括带电作业用安全帽、绝缘服装、带电作业用绝缘手套、带电作业用绝缘靴（鞋）、带电作业用绝缘垫、带电作业用绝缘毯、带电作业用绝缘硬梯、绝缘托瓶架、带电作业用绝缘绳（绳索类工具）、绝缘软梯、带电作业用绝缘滑车和带电作业用提线工具等。

（1）带电作业用安全帽是由绝缘材料制成，有一条脖带和可移动的带头，在带电作业中用于防止工作人员头部触电的帽子。

（2）绝缘服装是由绝缘材料制成，用于防止作业人员带电作业时身体触电的服装。

（3）带电作业用绝缘手套是由绝缘橡胶或绝缘合成材料制成，在带电作业中用于防止工作人员手部触电的手套。

（4）带电作业用绝缘靴（鞋）由绝缘材料制成，带有防滑的鞋底，在带电作业中用于防止工作人员脚部触电。

（5）带电作业用绝缘垫是由绝缘材料制成，敷设在地面或接地物体上以保护作业人员免遭电击的垫子。

（6）带电作业用绝缘毯是由绝缘材料制成，保护作业人员无意识触及带电体时免遭电击，以及防止电气设备之间短路的毯子。

（7）带电作业用绝缘硬梯是由绝缘材料制成，用于带电作业时登高作业的工具。

（8）绝缘托瓶架是由绝缘管或棒组成，用于对绝缘子串进行操作的装置。

（9）带电作业用绝缘绳（绳索类工具）是由绝缘材料制成的绳索（绳索类工具）。

（10）绝缘软梯是由绝缘绳和绝缘管组成，用于带电登高作业的工具。

（11）带电作业用绝缘滑车是在带电作业中用于绳索导向或承担负载的全绝缘或部分绝缘的工具。

（12）带电作业用提线工具是在带电作业中用于取代直线绝缘子串、承受导线的机械负荷和电气绝缘强度、进行提吊导线的工具。

（三）辅助绝缘安全工器具

辅助绝缘安全工器具是指绝缘强度不是承受设备或线路的工作电压，只是用于加强基本绝缘工器具的保安作用，用以防止接触电压、跨步电压、泄漏电流电弧对操作人员伤害的工具。它包括辅助型绝缘手套、辅助型绝缘靴（鞋）和辅助型绝缘胶垫。不能用辅助绝缘安全工器具直接接触高压设备带电部分。

（1）辅助型绝缘手套是由特种橡胶制成、起电气辅助绝缘作用的手套。

（2）辅助型绝缘靴（鞋）是由特种橡胶制成、用于人体与地面辅助绝缘的靴（鞋）子。

（3）辅助型绝缘胶垫是由特种橡胶制成、用于加强工作人员对地辅助绝缘的橡胶板。

三、登高工器具

登高工器具是用于登高作业、临时性高处作业的工具，包括脚扣、升降板（登高板）、梯子、软梯、快装脚手架及检修平台等。

（1）脚扣是用钢或合金材料制作的攀登电杆的工具。

（2）升降板（登高板）是由脚踏板、吊绳及挂钩组成的攀登电杆的工具。

（3）梯子是包含踏档或踏板，可供人上下的装置，一般分为竹（木）梯、铝合金及复合材料梯。

（4）软梯是用于高空作业和攀登的工具。

（5）快装脚手架是指整体结构采用“积木式”组合设计，构件标准化且采用复合材料制作，不需任何安装工具，可在短时间内徒手搭建的一种高空作业平台。

（6）检修平台按功能分为拆卸型和升降型。拆卸型检修平台按型式可分为单柱型、平台板型、梯台型，在变电站检修时固定于构架类设备基座上，是登高作业及防护的辅助装置。升降型检修平台是一种用于一人或数人登高、站立，具有升降功能的作业平台。

四、安全围栏（网）和标识牌

安全围栏（网）包括用各种材料做成的安全围栏、安全围网和红布幔，标识牌包括各种安全警告牌、设备标示牌、锥形交通标、警示带等。

附录 2

安全工器具管理流程图
（资料性附录）

安全工器具管理流程图见图 1。

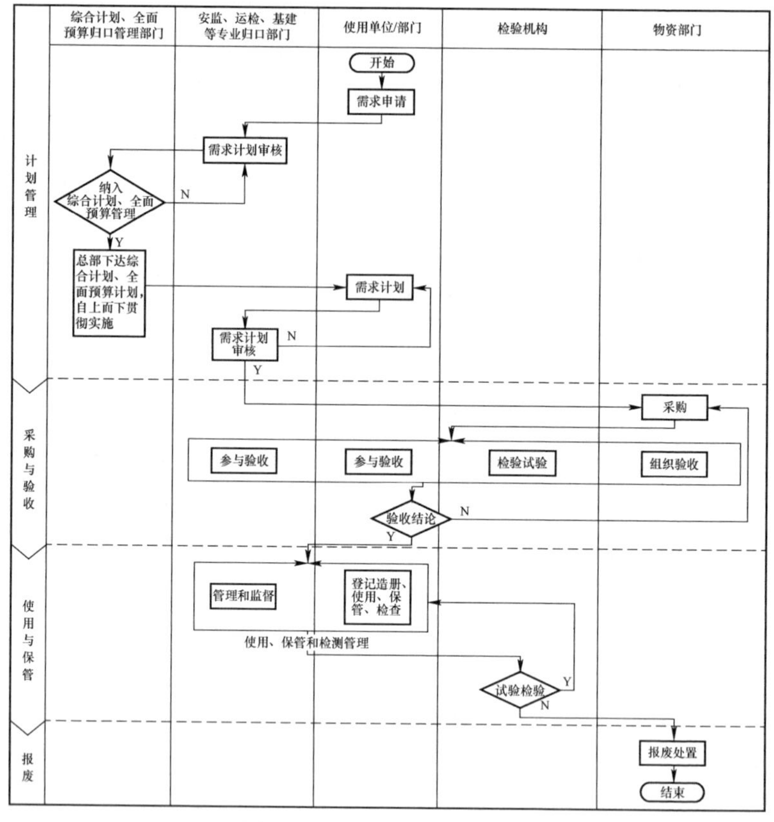

图 1　安全工器具管理流程图

附录 3

班组安全工器具最低配置表
（规范性附录）

班组安全工器具最低配置表见表 1。

表 1 班组安全工器具最低配置表

序号	工器具名称（单位）	变电（10 人）				配电（10 人）		线路（10 人）				电缆（10 人）		通信、自动化（10 人）	供电所（外勤作业人数 10 人）	营销（现场作业类人数 10 人）	备注说明
		一次检修（施工）	二次检修（施工）	高压试验（施工调试）	变电运维班	配电检修（施工）类班组	配电运维类班组	检修	施工	运维	无人机	检修（施工）	运维				
1	安全帽（顶）	每人 1 顶	每人 1 顶	每人 1 顶	每人 1 顶	每人 1 顶	每人 1 顶	每人 1 顶	每人 1 顶	每人 1 顶	每人 1 顶	每人 1 顶	每人 1 顶	每人 1 顶	每人 1 顶	每人 1 顶	配置到个人
2	护目镜（副）	每人 1 副	每人 1 副	每人 1 副	每人 1 副	每人 1 副	每人 1 副	每人 1 副	每人 1 副	每人 1 副	每人 1 副	每人 1 副	每人 1 副	每人 1 副	每人 1 副	每人 1 副	配置到个人，按业务需求配置不同型式护目镜

续表

序号	工器具名称（单位）	变电（10人）				配电（10人）		线路（10人）				电缆（10人）		通信、自动化（10人）	供电所（外勤作业人数10人）	营销（现场作业类人数10人）	备注说明
		一次检修（施工）	二次检修（施工）	高压试验（施工调试）	变电运维班	配电检修（施工）类班组	配电运维类班组	检修	施工	运维	无人机	检修（施工）	运维				
3	有限次 SF_6 防护服（套）	2		2								2（GIL隧道班组）	2（GIL隧道班组）				如所在单位的GIS站和室内有 SF_6 开关站均已配置了有限次 SF_6 防护服，则变电班组可不再配置
4	SF_6 检漏仪（副）	2（有 SF_6 检漏业务职责的班组配置）				2（有 SF_6 检漏业务职责的班组配置）						2（GIL隧道班组）	2（GIL隧道班组）				如所在单位的GIS站和室内有 SF_6 开关站均已配置了 SF_6 检漏仪，则变电班组可不再配置
5	安全带（含安全绳）（副）	4	2	4		6	6	6	6	6		6	6		6	2	

续表

序号	工器具名称（单位）	变电（10人）				配电（10人）		线路（10人）				电缆（10人）		通信、自动化（10人）	供电所（外勤作业人数10人）	营销（现场作业类人数10人）	备注说明
		一次检修（施工）	二次检修（施工）	高压试验（施工调试）	变电运维班	配电检修（施工）类班组	配电运维类班组	检修	施工	运维	无人机	检修（施工）	运维				
6	速差自控器（只）	2				3	3	6	6	2		2	2		3		
7	辅助型绝缘手套（双）	2	2	4		4	4	4	4	2		4	4	2	4	2	根据实际情况可增配低压绝缘手套
8	辅助型绝缘靴（双）	2	2	4		4	4	4	4	2		4	4		4	2	
9	辅助型绝缘垫（块）	2	2	4		4	4	4	4	2		4		2	4	2	
10	绝缘操作杆（套）					4	4			2（超特高压班组可按实际业务配置）		2（配电电缆班组配置）	2（配电电缆班组配置）		4		不区分型式

续表

序号	工器具名称（单位）	变电（10人）				配电（10人）		线路（10人）				电缆（10人）		通信、自动化（10人）	供电所（外勤作业人数10人）	营销（现场作业类人数10人）	备注说明
		一次检修（施工）	二次检修（施工）	高压试验（施工调试）	变电运维班	配电检修（施工）类班组	配电运维类班组	检修	施工	运维	无人机	检修（施工）	运维				
11	电容型验电器（支）					根据工作电压等级，每电压等级各4支	根据工作电压等级，每电压等级各4支	根据工作电压等级，每电压等级各4支	根据工作电压等级，每电压等级各4支	根据工作电压等级，每电压等级各4支（超特高压班组可按实际业务配置）		根据工作电压等级，每电压等级各2支	根据工作电压等级，每电压等级各2支		根据工作电压等级，每电压等级各4支	根据工作电压等级，每电压等级各2支	考虑到变电站均已配置验电器，变电班组可不再配置
12	工频高压发生器（套）					根据工作电压等级，每电压等级各2套	根据工作电压等级，每电压等级各2套	根据工作电压等级，每电压等级2套	根据工作电压等级，每电压等级2套	根据工作电压等级，每电压等级各2套（超特高压班组可按实际业务配置）		根据工作电压等级，每电压等级各2套	根据工作电压等级，每电压等级各2套		根据工作电压等级，每电压等级各2套	根据工作电压等级，每电压等级各2套	

续表

序号	工器具名称（单位）	变电（10人）				配电（10人）		线路（10人）				电缆（10人）		通信、自动化（10人）	供电所（外勤作业人数10人）	营销（现场作业类人数10人）	备注说明
		一次检修（施工）	二次检修（施工）	高压试验（施工调试）	变电运维班	配电检修（施工）类班组	配电运维类班组	检修	施工	运维	无人机	检修（施工）	运维				
13	携带型短路接地线（组）			试验专用接地线（含专用放电棒）3组		根据工作电压等级，每电压等级6组	根据工作电压等级，每电压等级6组	根据工作电压等级，每电压等级4组	根据工作电压等级，每电压等级4组	根据工作电压等级，每电压等级各2组（超特高压班组可按实际业务配置）		根据工作电压等级，每电压等级2组	根据工作电压等级，每电压等级2组		根据工作电压等级，每电压等级6组	根据工作电压等级，每电压等级2组	有高压电气试验业务的班组还需配置试验专用接地线（含专用放电棒），数量参考高压试验班
14	个人保安线（副）	2		2		6	6	6	6			2			6		
15	登高梯具（架）	2	2	2		2	2	2	2	2（超特高压班组可按实际业务配置）		2	2	2	2	2	不限型式

续表

序号	工器具名称（单位）	变电（10人）				配电（10人）		线路（10人）				电缆（10人）		通信、自动化（10人）	供电所（外勤作业人数10人）	营销（现场作业类人数10人）	备注说明
		一次检修（施工）	二次检修（施工）	高压试验（施工调试）	变电运维班	配电检修（施工）类班组	配电运维类班组	检修	施工	运维	无人机	检修（施工）	运维				
16	登高板或脚扣（副）					6	6	6	6	2（超特高压班组可按实际业务配置）		2（配电电缆班组配置）	2（配电电缆班组配置）	2	6	2	
17	安全警示带（或围栏网）（副）			10		10	10	10	10	10		10	10	2	10	2	不限型式，围栏网以10m一副为例
18	安全警告牌（禁止合闸，有人工作！）（块）					20	20					10（配电电缆班组配置）	10（配电电缆班组配置）		10		
19	安全警告牌（禁止合闸，线路有人工作！）（块）					20	20					10（配电电缆班组配置）	10（配电电缆班组配置）		10		

续表

序号	工器具名称（单位）	变电（10人）				配电（10人）		线路（10人）				电缆（10人）		通信、自动化（10人）	供电所（外勤作业人数10人）	营销（现场作业类人数10人）	备注说明
		一次检修（施工）	二次检修（施工）	高压试验（施工调试）	变电运维班	配电检修（施工）类班组	配电运维类班组	检修	施工	运维	无人机	检修（施工）	运维				
20	安全警告牌（止步，高压危险！）（块）			10		10	10	10	10			10	10		10	10	
21	安全警告牌（在此工作！）（块）	10	10	10		10	10	10	10	10		10	10	10	10	10	
22	安全警告牌（电力施工车辆慢行）（块）					2	2	2	2	2	2	2	2	2	2		
23	安全警告牌（有限空间警示）（块）	2	2			2	2					2	2		2		
24	红布幔（块）		5			5	5							10	5		
25	锥形交通标（只）					10	10	10	10	10	5	10	10	5	10		

续表

序号	工器具名称（单位）	变电（10人）				配电（10人）		线路（10人）				电缆（10人）		通信、自动化（10人）	供电所（外勤作业人数10人）	营销（现场作业类人数10人）	备注说明
		一次检修（施工）	二次检修（施工）	高压试验（施工调试）	变电运维班	配电检修（施工）类班组	配电运维类班组	检修	施工	运维	无人机	检修（施工）	运维				
26	气体检测仪［包括但不限于：氧气（O_2）；可燃气体：硫化氢（H_2S）、一氧化碳（CO）、二氧化硫（SO_2）、氰化氢（HCN）］	2	1		2	2	2		2	1		2	2	1	2		如所在单位的变电站均已配置了气体检测仪，则变电班组可不再配置
27	自吸过滤式防毒面具（套）	2	2		2	4	4		4	2		4	4	2	4		如所在单位的变电站均已配置了防毒面具，则变电班组可不再配置

续表

序号	工器具名称（单位）	变电（10人）				配电（10人）		线路（10人）				电缆（10人）		通信、自动化（10人）	供电所（外勤作业人数10人）	营销（现场作业类人数10人）	备注说明
		一次检修（施工）	二次检修（施工）	高压试验（施工调试）	变电运维班	配电检修（施工）类班组	配电运维类班组	检修	施工	运维	无人机	检修（施工）	运维				
28	正压式消防空气呼吸器（套）	2	1		2	2	2		2	1		隧道检修班组（4套），无隧道班组（2套）	隧道检修班组（4套），无隧道班组（2套）		2（涉及有限空间运检的供电所配置）		如所在单位的变电站均已配置了正压式消防空气呼吸器，则变电班组可不再配置
29	核相器	2（核相器根据业务职责分工，涉及核相工作的班组配置，不涉及的班组无需配置）															

注 1. 本配置表仅为最低配置标准，各单位应以满足实际业务需要为原则，根据实际需求调增配置类型或配置数量，但不得低于本标准类型或配置数量。

2. 本配置表的班组类型按照业务进行区分，不代表实际设置班组的名称，如一个班组涉及多种业务类型，按照本表中对应的班组类型“就高”原则进行配置。示例：配电检修班负责配电检修和10kV电缆检修，对应的每一类安全工器具则应按“配电检修类班组”和“电缆检修班组”中较高标准进行配置。

3. 班组人数不足10人，按照10人配置；人数超过10人，按照人数比例测算并按照“四舍五入”进行配置，且应满足实际业务需要。

4. 变电运维班（或检修班组）驻地在某一变电站时，该变电站安全工器具数量可按照“变电运维（或检修）班组+变电站”的方式进行配置；部分省公司实施变电专业安全工器具集中管理（即变电站不放置任何安全工器具）的，应自行制定变电各班组配置标准，相关班组的配置不得低于所列变电运维班组配置标准，且应满足实际业务需要。

附录 4

变电站安全工器具最低配置表
（规范性附录）

变电站安全工器具最低配置表见表 2。

表 2 **变电站安全工器具最低配置表**

序号	工器具名称（单位）	1000kV 变电站					±800kV 及以上换流站					500（750）kV 变电站				220（330）kV 变电站				110（66）kV 变电站				35kV 变电站			备注
		1000 kV	500 kV	110 kV	35 kV	0.4 kV	±800 kV 及以上	500 kV	35 kV	10 kV	0.4 kV	500kV	220kV	35（66）kV	0.4kV	220kV	110kV	35（10）kV	0.4kV	110（66）kV	35kV	10kV	0.4kV	35kV	10kV	0.4kV	
1	辅助型绝缘手套（双）	8					8					4				4				2				2			

续表

序号	工器具名称（单位）	1000kV 变电站					±800kV 及以上换流站					500（750）kV 变电站				220（330）kV 变电站				110（66）kV 变电站				35kV 变电站			备注
		1000kV	500kV	110kV	35kV	0.4kV	±800kV及以上	500kV	35kV	10kV	0.4kV	500kV	220kV	35（66）kV	0.4kV	220kV	110kV	35（10）kV	0.4kV	110（66）kV	35kV	10kV	0.4kV	35kV	10kV	0.4kV	
2	辅助型绝缘靴（双）	8					8					4				4				2				2			
3	绝缘操作杆（套）			2（通用，按 110kV 电压等级配置）；2(通用，按 35kV 电压等级配置)					2（通用，按 35kV 电压等级配置）；2(通用，按 10kV 电压等级配置)				2（通用，按 220kV 电压等级配置）			2（通用，按 220kV 电压等级配置）				2（通用，按 110kV 电压等级配置）				2（通用，按 35kV 电压等级配置）			
4	电容型验电器（支）											2	2	2	2	2	2	2	2	2	2	2	2	2	2	2	
5	接地线（组）	4					4					2	2	4	2	2	2	4	2	2	4	4	2	2	4	2	

续表

序号	工器具名称（单位）	1000kV 变电站					±800kV 及以上换流站					500（750）kV 变电站				220（330）kV 变电站				110（66）kV 变电站				35kV 变电站			备注
		1000kV	500kV	110kV	35kV	0.4kV	±800kV及以上	500kV	35kV	10kV	0.4kV	500kV	220kV	35（66）kV	0.4kV	220kV	110kV	35（10）kV	0.4kV	110（66）kV	35kV	10kV	0.4kV	35kV	10kV	0.4kV	
6	安全帽（顶）	20					20					10				5				5				5			
7	登高梯具（架）	6					6					2				2				2				2			梯具型式不限
8	自吸过滤式防毒面具（套）	6					6					2				2				2				2			
9	正压式消防空气呼吸器（套）	2					2					2				设置固定式气体灭火系统的变电站或地下变电站至少配置 2 套				设置固定式气体灭火系统的变电站或地下变电站至少配置 2 套				设置固定式气体灭火系统的变电站或地下变电站至少配置 2 套			

续表

序号	工器具名称（单位）	1000kV 变电站					±800kV 及以上换流站					500（750）kV 变电站				220（330）kV 变电站				110（66）kV 变电站				35kV 变电站			备注
		1000kV	500kV	110kV	35kV	0.4kV	±800kV及以上	500kV	35kV	10kV	0.4kV	500kV	220kV	35（66）kV	0.4kV	220kV	110kV	35（10）kV	0.4kV	110（66）kV	35kV	10kV	0.4kV	35kV	10kV	0.4kV	
10	安全警告牌（禁止合闸，有人工作！）（块）	40					40					40				20				20				20			
11	安全警告牌（禁止分闸！）（块）	10					10					10				10				10				10			

续表

序号	工器具名称（单位）	1000kV 变电站					±800kV 及以上换流站					500（750）kV 变电站				220（330）kV 变电站				110（66）kV 变电站				35kV 变电站			备注
		1000kV	500kV	110kV	35kV	0.4kV	±800kV 及以上	500kV	35kV	10kV	0.4kV	500kV	220kV	35（66）kV	0.4kV	220kV	110kV	35（10）kV	0.4kV	110（66）kV	35kV	10kV	0.4kV	35kV	10kV	0.4kV	
12	安全警告牌（禁止攀登，高压危险！）（块）	30					30					30				20				20				20			
13	安全警告牌（止步，高压危险！）（块）	60					60					60				20				20				20			
14	标示牌（在此工作！）（块）	60					60					60				20				20				20			

续表

序号	工器具名称（单位）	1000kV 变电站					±800kV 及以上换流站					500（750）kV 变电站				220（330）kV 变电站				110（66）kV 变电站				35kV 变电站			备注
		1000kV	500kV	110kV	35kV	0.4kV	±800kV及以上	500kV	35kV	10kV	0.4kV	500kV	220kV	35（66）kV	0.4kV	220kV	110kV	35（10）kV	0.4kV	110（66）kV	35kV	10kV	0.4kV	35kV	10kV	0.4kV	
15	安全警告牌（禁止合闸，线路有人工作！）（块）	30					30					30				20				20				10			
16	安全警告牌（有限空间警示）（块）	6					6					6				2				2				2			

续表

序号	工器具名称（单位）	1000kV 变电站					±800kV 及以上换流站					500（750）kV 变电站				220（330）kV 变电站				110（66）kV 变电站				35kV 变电站			备注
		1000kV	500kV	110kV	35kV	0.4kV	±800kV及以上	500kV	35kV	10kV	0.4kV	500kV	220kV	35（66）kV	0.4kV	220kV	110kV	35（10）kV	0.4kV	110（66）kV	35kV	10kV	0.4kV	35kV	10kV	0.4kV	
17	标示牌（从此进出！）（块）	30					30					30				10				10				10			
18	标示牌（从此上下！）（块）	20					20					20				10				10				10			
19	红布幔（块）	60					60					60				20				20				20			
20	安全带（副）	2					2					2															

续表

序号	工器具名称（单位）	1000kV 变电站					±800kV 及以上换流站					500（750）kV 变电站				220（330）kV 变电站				110（66）kV 变电站				35kV 变电站			备注
		1000kV	500kV	110kV	35kV	0.4kV	±800kV 及以上	500kV	35kV	10kV	0.4kV	500kV	220kV	35（66）kV	0.4kV	220kV	110kV	35（10）kV	0.4kV	110（56）kV	35kV	10kV	0.4kV	35kV	10kV	0.4kV	
21	安全围栏（副）	40					40					40				20				20				20			不限型式，围栏网以10m一副为例
22	辅助型绝缘垫（块）	2					2					2				2				2				2			非固定型绝缘垫
23	SF_6防护服（副）	2					2					2（室内 GIS 站）				2（室内 GIS 站）				2（室内 GIS 站）				2（室内 GIS 站）			

续表

序号	工器具名称（单位）	1000kV 变电站					±800kV 及以上换流站					500（750）kV 变电站				220（330）kV 变电站				110（66）kV 变电站				35kV 变电站			备注
		1000kV	500kV	110kV	35kV	0.4kV	±800kV及以上	500kV	35kV	10kV	0.4kV	500kV	220kV	35（66）kV	0.4kV	220kV	110kV	35（10）kV	0.4kV	110（66）kV	35kV	10kV	0.4kV	35kV	10kV	0.4kV	
24	SF_6检漏仪（副）	1					1					1															220kV及以下变电站可不在站内配置，由变电相关业务班组配置

注 1. 本配置表仅列出了变电站最低配置标准，各单位可结合实际增配。

2. 开闭所、配电房等场所可结合各单位实际进行配置。

3. 变电运维班（或检修班组）驻地在某一变电站时，该变电站安全工器具数量可按照“变电运维（或检修）班组+变电站”的方式进行配置；部分省公司实施变电专业安全工器具集中管理（即变电站不放置任何安全工器具）的，应自行制定变电各班组配置标准，相关班组的配置不得低于所列变电运维班组配置标准，且应满足实际业务需要。

附录 5

水电站（含抽水蓄能）、火电站安全工器具最低配置表（规范性附录）

水电站（含抽水蓄能）、火电站安全工器具最低配置表见表 3。

表 3　　水电站（含抽水蓄能）、火电站安全工器具最低配置表

序号	工器具名称（单位）	水电站（含抽水蓄能）						火电站	备注
		500kV	220kV	110kV	35kV	10kV	0.4kV		
1	辅助型绝缘手套（双）	8						3	
2	辅助型绝缘靴（双）	8						6	
3	绝缘操作杆（套）	按电站最高电压等级配置 6 套						2（通用，按 10kV 电压等级配置）	
4	电容型验电器（支）	2	2	2	2	2	2		如电站无此电压等级设备，则无需配置
5	接地线（组）	4	4	4	4	4	/	80	如电站无此电压等级设备，则无需配置

续表

序号	工器具名称（单位）	水电站（含抽水蓄能）						火电站	备注
		500kV	220kV	110kV	35kV	10kV	0.4kV		
6	安全帽（顶）	40						44	
7	登高梯具（架）	6							梯具型式不限
8	自吸过滤式防毒面具（套）	6						6	
9	正压式消防空气呼吸器（套）	2						5	
10	安全警告牌（禁止合闸，有人工作！）（块）	40						100	
11	安全警告牌(禁止分闸！)(块)	10						30	
12	安全警告牌（禁止攀登，高压危险！）（块）	30						70	
13	安全警告牌（止步，高压危险！）（块）	60						130	
14	标示牌（在此工作！）（块）	60						130	
15	安全警告牌（禁止合闸，线路有人工作！）（块）	30						30	
16	标示牌（从此进出！）（块）	30						90	

续表

<table>
<tr><th rowspan="2">序号</th><th rowspan="2">工器具名称（单位）</th><th colspan="6">水电站（含抽水蓄能）</th><th rowspan="2">火电站</th><th rowspan="2">备注</th></tr>
<tr><th>500kV</th><th>220kV</th><th>110kV</th><th>35kV</th><th>10kV</th><th>0.4kV</th></tr>
<tr><td>17</td><td>标示牌（从此上下！）（块）</td><td colspan="6">20</td><td>60</td><td></td></tr>
<tr><td>18</td><td>红布幔（块）</td><td colspan="7">60</td><td></td></tr>
<tr><td>19</td><td>安全带（副）</td><td colspan="6">4</td><td>3</td><td>涉及高空作业较多的班组根据实际增配</td></tr>
<tr><td>20</td><td>安全围栏（副）</td><td colspan="6">40</td><td>60</td><td>不限型式，围栏网以10m一副为例</td></tr>
<tr><td>21</td><td>辅助型绝缘垫（块）</td><td colspan="6">2</td><td></td><td>非固定型绝缘垫</td></tr>
<tr><td>22</td><td>SF_6防护服（副）</td><td colspan="6">2</td><td>2</td><td>全套式</td></tr>
<tr><td>23</td><td>SF_6检漏仪（副）</td><td colspan="6">1</td><td>1</td><td>电站如有SF_6自动检测装置，可不配置</td></tr>
<tr><td>24</td><td>氧量检测仪（台）</td><td colspan="6">2</td><td></td><td></td></tr>
<tr><td>25</td><td>有害气体检测仪（台）</td><td colspan="6">2</td><td></td><td></td></tr>
<tr><td>26</td><td>快装脚手架（套）</td><td colspan="6">4</td><td></td><td>不限型式、规格</td></tr>
</table>

续表

序号	工器具名称（单位）	水电站（含抽水蓄能）						火电站	备注
		500kV	220kV	110kV	35kV	10kV	0.4kV		
27	检修平台（套）	4							定子膛内及膛外、转子、尾水锥管内各1套，不限型式、规格
28	防护眼镜（副）	10							不限型式、规格
29	安全绳（根）	6							不限型式、规格
30	个人保安线（根）	6							不限型式、规格
31	绝缘绳（根）	6							不限型式、规格
32	速差自控器（只）	6							不限型式、规格
33	绝缘夹钳	2							不限型式、规格
34	救生衣或救生圈	10							不限型式、规格
35	氢气检漏仪（个）							1	

注 1. 本配置表仅列出了电站（厂）内安全工器具最低配置标准，各单位可结合实际增配。

2. 本配置表以4台机组作为基数配置，各电站（厂）可根据实际机组台数按比例增配。

附录 6

安全工器具检查与使用要求

（资料性附录）

安全工器具检查分为出厂验收检查、试验检验检查和使用前检查，使用前应检查合格证和外观。

一、个体防护装备

（一）安全帽

1. 检查要求

（1）永久标识和产品说明等标识清晰完整，安全帽的帽壳、帽衬（帽箍、吸汗带、缓冲垫及衬带）、帽箍扣、下颏带等组件完好无缺失。

（2）帽壳内外表面应平整光滑，无划痕、裂缝和孔洞，无灼伤、冲击痕迹。

（3）帽衬与帽壳连接牢固，后箍、锁紧卡等开闭调节灵活，卡位牢固。

（4）使用期从产品制造完成之日起计算，不得超过安全帽永久标识的强制报废期限。

2. 使用要求

（1）任何人员进入生产、施工现场必须正确佩戴安全帽。针对不同的生产场所，根据安全帽产品说明选择适用的安全帽。

（2）安全帽戴好后，应将帽箍扣调整到合适的位置，锁紧下颏带，防止工作中前倾后仰或其他原因造成滑落。

（3）受过一次强冲击或做过试验的安全帽不能继续使用，应予以报废。

（4）高压近电报警安全帽使用前应检查其音响部分是否良

好，但不得作为无电的依据。

（二）防护眼镜

1. 检查要求

（1）防护眼镜的标识清晰完整，并位于透镜表面不影响使用功能处。

（2）防护眼镜表面光滑，无气泡、杂质，以免影响工作人员的视线。

（3）镜架平滑，不可造成擦伤或有压迫感；同时，镜片与镜架衔接要牢固。

2. 使用要求

（1）防护眼镜的选择要正确。要根据工作性质、工作场合选择相应的防护眼镜。如在装卸高压熔断器或进行气焊时，应戴防辐射防护眼镜；在室外阳光曝晒的地方工作时，应戴变色镜（防辐射线防护眼镜的一种）；在进行车、铣、刨及用砂轮磨工件时，应戴防打击防护眼镜等；在向蓄电池内注入电解液时，应戴防有害液体防护眼镜或戴防毒气封闭式无色防护眼镜。

（2）防护眼镜的宽窄和大小要恰好适合使用者的要求。如果大小不合适，防护眼镜滑落到鼻尖上，结果就起不到防护作用。

（3）防护眼镜应按出厂时标明的遮光编号或使用说明书使用。

（4）透明防护眼镜佩戴前应用干净的布擦拭镜片，以保证足够的透光度。

（5）戴好防护眼镜后应收紧防护眼镜镜腿（带），避免造成滑落。

（三）自吸过滤式防毒面具

1. 检查要求

（1）面罩及过滤件上的标识应清晰完整，无破损。

（2）使用前应检查面具的完整性和气密性，面罩密合框应与佩戴者颜面密合，无明显压痛感。

（3）面罩观察眼窗应视物真实，有防止镜片结雾的措施。

2. 使用要求

（1）使用防毒面具时，空气中氧气浓度不得低于 18%，温度为–30～45℃，不能用于槽、罐等密闭容器环境。

（2）使用者应根据其面型尺寸选配适宜的面罩号码。

（3）使用中应注意有无泄漏和滤毒罐失效。防毒面具的过滤剂有一定的使用时间，一般为 30～100min。过滤剂失去过滤作用（面具内有特殊气味）时，应及时更换。

（四）正压式消防空气呼吸器

1. 检查要求

（1）表面无锐利的棱角，标识清晰完整，无破损。

（2）使用前应检查正压式呼吸器气罐表计压力是否在合格范围内。检查面具的完整性和气密性，面罩密合框应与佩戴者颜面密合，无明显压痛感。带有眼镜支架时，连接应可靠，无明显晃动感。视窗不应产生视觉变形现象。

（3）气瓶外部应有防护套，气瓶瓶阀与减压器连接、全面罩与供气阀连接应可靠，连接处若使用密封件，不应脱落或移位。

2. 使用要求

（1）使用者应根据其面型尺寸选配适宜的面罩号码。

（2）使用中应注意有无泄漏。

（五）安全带

1. 检查要求

（1）商标、合格证和检验证等标识清晰完整，各部件完整无缺失、无伤残破损。

（2）腰带、围杆带、肩带、腿带等带体无灼伤、脆裂及霉变，表面不应有明显磨损及切口；围杆绳、安全绳无灼伤、脆裂、断股及霉变，各股松紧一致，绳子应无扭结；护腰带接触腰的部分应垫有柔软材料，边缘圆滑无角。

（3）织带折头连接应使用缝线，不应使用铆钉、胶粘、热合等工艺，缝线颜色与织带应有区分。

（4）金属配件表面光洁，无裂纹、无严重锈蚀和目测可见的变形，配件边缘应呈圆弧形；金属环类零件不允许使用焊接，不应留有开口。

（5）金属挂钩等连接器应有保险装置，应在两个及以上明确的动作下才能打开，且操作灵活。钩体和钩舌的咬口必须完整，两者不得偏斜。各调节装置应灵活可靠。

2. 使用要求

（1）围杆作业安全带一般使用期限为 3 年，区域限制安全带和坠落悬挂安全带使用期限为 5 年，如发生坠落事故，则应由专人进行检查，如有影响性能的损伤，则应立即更换。

（2）应正确选用安全带，其功能应符合现场作业要求，如需多种条件下使用，在保证安全提前下，可选用组合式安全带（区域限制安全带、围杆作业安全带、坠落悬挂安全带等的组合）。

（3）安全带穿戴好后应仔细检查连接扣或调节扣，确保各处绳扣连接牢固。

（4）2m 及以上的高处作业应使用安全带。

（5）在坝顶、陡坡、屋顶、悬崖、杆塔、吊桥以及其他危险的边沿进行工作，临空一面应装设安全网或防护栏杆，否则，作业人员应使用安全带。

（6）在没有脚手架或者在没有栏杆的脚手架上工作，高度超过 1.5m 时，应使用安全带。

（7）在电焊作业或其他有火花、熔融源等场所使用的安全带或安全绳应有隔热防磨套。

（8）安全带的挂钩或绳子应挂在结实牢固的构件或专为挂安全带用的钢丝绳上，并应采用高挂低用的方式。

（9）高处作业人员在转移作业位置时不准失去安全保护。

（10）禁止将安全带系在移动或不牢固的物件上[如隔离开关（刀闸）支持绝缘子、瓷横担、未经固定的转动横担、线路支柱绝缘子、避雷器支柱绝缘子等]。

（11）登杆前，应进行围杆带和后备绳的试拉，无异常方可继续使用。

（六）安全绳

1. 检查要求

（1）安全绳的产品名称、标准号、制造厂名及厂址、生产日期（年、月）及有效期、总长度、产品作业类别（围杆作业、区域限制或坠落悬挂）、产品合格标志、法律法规要求标注的其他内容等永久标识清晰完整。

（2）安全绳应光滑、干燥，无霉变、断股、磨损、灼伤、缺口等缺陷。所有部件应顺滑，无材料或制造缺陷，无尖角或锋利边缘。护套（如有）完整不应破损。

（3）织带式安全绳的织带应加锁边线，末端无散丝；纤维绳式安全绳绳头无散丝；钢丝绳式安全绳的钢丝应捻制均匀、紧密、不松散，中间无接头；链式安全绳下端环、连接环和中间环的各环间转动灵活，链条形状一致。

2. 使用要求

（1）安全绳应是整根，不应私自接长使用。

（2）在具有高温、腐蚀等场合使用的安全绳，应穿入整根具有耐高温、抗腐蚀的保护套或采用钢丝绳式安全绳。

（3）安全绳的连接应通过连接扣连接，在使用过程中不应打结。

（4）安全绳（包括未展开的缓冲器）不应超过2m，有2根安全绳（包括未展开的缓冲器）的安全带，其单根有效长度不应大于1.2m。

（七）连接器

1. 检查要求

（1）连接器的类型、制造商标识、工作受力方向强度（用kN表示）等永久标识清晰完整。

（2）连接器表面光滑，无裂纹、褶皱，边缘圆滑无毛刺，无永久性变形和活门失效等现象。

（3）连接器应操作灵活，扣体钩舌和闸门的咬口应完整，两者不得偏斜，应有保险装置，经过两个及以上的动作才能打开。

（4）活门应向连接器锁体内打开，不得松旷，同预定打开水平面倾斜不得超过20°。

2. 使用要求

（1）有自锁功能的连接器活门关闭时应自动上锁，在上锁状态下必须经两个以上动作才能打开。

（2）手动上锁的连接器应确保必须经两个以上动作才能打开，有锁止警示的连接器锁止后应能观测到警示标志。

（3）使用连接器时，受力点不应在连接器的活门位置。

（4）不应多人同时使用同一个连接器作为连接或悬挂点。

（5）连接器不要在不用打开活门即可接挂接的场所使用。

（八）速差自控器

1. 检查要求

（1）产品名称及标记、标准号、制造厂名、生产日期（年、月）及有效期、法律法规要求标注的其他内容等永久标识清晰完整。

（2）速差自控器的各部件完整无缺失、无伤残破损，外观应平滑，无材料和制造缺陷，无毛刺和锋利边缘。

（3）钢丝绳速差器的钢丝应均匀绞合紧密，不得有叠痕、突起、折断、压伤、锈蚀及错乱交叉的钢丝；织带速差器的织带表面、边缘、软环处应无擦破、切口或灼烧等损伤，缝合部位无崩裂现象。

（4）速差自控器的安全识别保险装置——坠落指示器（如有）应未动作。

（5）用手将速差自控器的安全绳（带）进行快速拉出，速差自控器应能有效制动并完全回收。

2. 使用要求

（1）使用时应认真查看速差自控器防护范围及悬挂要求。

（2）速差自控器应系在牢固的物体上，禁止系挂在移动或不牢固的物件上。不得系在棱角锋利处。速差自控器拴挂时严禁低挂高用。

（3）速差自控器应连接在人体前胸或后背的安全带挂点上，移动时应缓慢，禁止跳跃。

（4）禁止将速差自控器锁止后悬挂在安全绳（带）上作业。

（5）使用时不需添加任何润滑剂。

（6）使用速差自控器时，钢丝绳拉出后工作完毕，收回器内过程中严禁松手。

（九）导轨自锁器

1. 检查要求

（1）产品合格标志、标准号、产品名称及型号规格、生产单位名称、生产日期及有效期限、正确使用方向的标志、最大允许连接绳长度等永久标识清晰完整。

（2）自锁器各部件完整无缺失，本体及配件应无目测可见的凹凸痕迹。本体为金属材料时，无裂纹、变形及锈蚀等缺陷，所有铆接面应平整、无毛刺，金属表面镀层应均匀、光亮，不允许有起皮、变色等缺陷；本体为工程塑料时，表面应无气泡、开裂等缺陷。

（3）自锁器上的导向轮应转动灵活，无卡阻、破损等缺陷。

（4）自锁器整体不应采用铸造工艺制造。

2. 使用要求

（1）使用时应查看自锁器安装箭头，正确安装自锁器。

（2）在导轨（绳）上手提自锁器，自锁器在导轨（绳）上应运行顺滑，不应有卡住现象，突然释放自锁器，自锁器应能有效锁止在导轨（绳）上。

（3）自锁器与安全带之间的连接绳不应大于 0.5m，自锁器应连接在人体前胸或后背的安全带挂点上。

（4）禁止将自锁器锁止在导轨（绳）上作业。

（十）缓冲器

1. 检查要求

（1）产品名称、标准号、产品类型（Ⅰ型、Ⅱ型）、最大展开长度、制造厂名及厂址、产品合格标志、生产日期（年、月）及有效期、法律法规要求标注的其他内容等永久标识清晰完整。

（2）缓冲器所有部件应平滑，无材料和制造缺陷，无尖角或锋利边缘。

（3）织带型缓冲器的保护套应完整，无破损、开裂等现象。

2. 使用要求

（1）使用时应认真查看缓冲器防护范围及防护等级。

（2）缓冲器与安全绳及安全带配套使用时，作业高度要足以容纳安全绳和缓冲器展开的安全坠落空间。

（3）缓冲器禁止多个串联使用。

（4）缓冲器与安全带、安全绳连接应使用连接器，严禁绑扎使用。

（十一）安全网

1. 检查要求

（1）标准号、产品合格证、产品名称及分类标记、制造商名称及地址、生产日期等永久标识清晰完整。网体、边绳、系绳、筋绳无灼伤、断纱、破洞、变形及有碍使用的编织缺陷。所有节点固定。

（2）平网和立网的网目边长不大于 0.08m，系绳与网体连接牢固，沿网边均匀分布，相邻两系绳间距不大于 0.75m，系绳长度不小于 0.8m；平网相邻两筋绳间距不大于 0.3m。

（3）密目式安全立网的网眼孔径不大于 12mm；各边缘部位的开眼环扣牢固可靠，开眼环扣孔径不小于 8mm。

2. 使用要求

（1）立网或密目网拴挂好后，人员不应倚靠在网上或将物品堆积靠压立网或密目网。

（2）平网不应用作堆放物品的场所，也不应作为人员通道，作业人员不应在平网上站立或行走。

（3）不应将安全网在粗糙或有锐边（角）的表面拖拉。

（4）焊接作业应尽量远离安全网，应避免焊接火花落入网中。

（5）应及时清理安全网上的落物，当安全网受到巨大冲击后应及时更换。

（6）平网下方的安全区域内不应堆放物品，平网上方有人工作时，人员、车辆、机械不应进入此区域。

（十二）静电防护服

1. 检查要求

（1）标识清晰完整，无破损。

（2）检查外型、连接带及连接头，必须确保其完好无损。

2. 使用要求

作业人员穿戴静电防护服，各部分应连接良好。

（十三）防电弧服

1. 检查要求

（1）标识清晰完整，无破损。

（2）手套与电弧防护服袖口覆盖部分应不少于 100mm。

（3）鞋罩应能覆盖足部。

2. 使用要求

（1）防电弧服只能对头部、颈部、手部、脚部以外的身体部位进行适当保护，所以在易发生电弧危害的环境中，必须和其他防电弧设备一起使用，如防电弧头罩、绝缘鞋等设备。在进入带电弧环境中，请务必穿戴好防电弧服及其他的配套设备，不得随意将皮肤裸露在外面，以防事故发生时通过空隙而造成重大的事故损伤。

（2）穿着者在使用防电弧服的过程中，可能会降低对电弧危害的敏感性，易产生麻痹心里，因此在有电环境中工作时不要降低对电弧危害的警惕，不可以随意暴露身体，当有异常情况发生时，要及时脱离现场，切忌和火焰直接接触。

（3）损坏并无法修补的个人电弧防护用品应报废。

（4）个人电弧防护用品一旦暴露在电弧能量之后应报废。

（5）超过厂商建议服务期或正常洗涤次数的个人电弧防护用品应进行检测，检测不合格应报废。

（十四）耐酸服

1. 检查要求

标识清晰完整，无破损。

2. 使用要求

（1）透气型耐酸服用于中、轻度酸污染场所的防护，不透气型耐酸服用于严重酸污染场所，并且只能在规定的酸作业环境中作为辅助用具使用。

（2）穿用时应避免接触锐器，防止受到机械损伤。

（3）使用耐酸服时，还应注意厂家提供的检验报告上主要性能指标是否符合标准要求，确保工作时的安全。

（十五）SF_6 防护服

1. 检查要求

（1）SF_6 防护服的制造厂名或商标、型号名称、制造年月等标识清晰完整。

（2）整套服装（包括连体防护服、SF_6 专用防毒面具、SF_6 专用滤毒缸、工作手套和工作鞋）内、外表面均应完好无损，不存在破坏其均匀性、损坏表面光滑轮廓的缺陷，如明显孔洞、裂缝等；防毒面具的呼、吸气活门片应能自由活动。

（3）整套服装气密性应良好。

2. 使用要求

（1）使用 SF_6 防护服的人员应进行身体检查，尤其是心脏和肺功能检查，功能不正常者不应使用。

（2）工作人员佩戴 SF_6 防毒面具进行工作时，要有专人在现场监护，以防出现意外事故。

（3）SF_6 防毒面具应在空气含氧量不低于 18%、环境温度为 -30～45℃、有毒气体积浓度不高于 0.5%的环境中使用。

（十六）屏蔽服装

1. 检查要求

（1）屏蔽服装的制造厂名或商标、型号名称、制造年月、电压等级及带电作业用（双三角）符号等标识清晰完整。

（2）整套服装（包括上衣、裤子、手套、袜子、帽子和鞋子）内、外表面均应完好无损，不存在破坏其均匀性、损坏表面光滑轮廓的缺陷，如明显孔洞、裂缝等；鞋子应无破损，鞋底表面无严重磨损现象，分流连接线完好。

（3）上衣、裤子、帽子之间应有两个连接头，上衣与手套、裤子与袜子每端分别各有一个连接头。将连接头组装好后，轻扯连接带与服装各部位的连接，确认其完好可靠并具有一定的机械强度（工作中不会自动脱开）。

2. 使用要求

（1）等电位作业人员应在衣服外面穿合格的全套屏蔽服装（包括上衣、裤子、手套、短袜、帽子、面罩、鞋子），将连接头组装好后，轻扯连接带与服装各部位的连接，确认其完好可靠并具有一定的机械强度（工作中不会自动脱开）。

（2）严禁通过屏蔽服装断、接接地电流，及空载线路和耦合电容器的电容电流。

（十七）耐酸手套

1. 检查要求

（1）标识清晰完整，无喷霜、发脆、发黏和破损等缺陷。

（2）手套应具有气密性，无漏气现象发生。

2. 使用要求

（1）应明确耐酸手套的防护范围，不可超范围使用。

（2）使用时应防止与汽油、机油、润滑油、各种有机溶剂接触；防止锋利的金属刺割及与高温接触。

（十八）耐酸靴

1. 检查要求

标识清晰完整，无破损。

2. 使用要求

（1）耐酸靴只能使用于一般浓度较低的酸作业场所，不能浸泡在酸液中进行较长时间作业，以防酸溶液渗入靴内腐蚀脚造成伤害。

（2）耐酸靴使用时应避免接触油类，否则易脏且易破裂；避免与有机溶剂接触；避免与锐利物接触，以免割破损伤靴面或靴底引起渗漏，影响防护功能。

（十九）导电鞋（防静电鞋）

1. 检查要求

（1）导电鞋（防静电鞋）的鞋号、制造商名称和生产日期等标识清晰完整。

（2）鞋子内外表面应无破损。

（3）不应有屈挠和污染等影响导电性能的缺陷。

2. 使用要求

（1）使用时，除了一般的袜子，鞋内底与穿着者的脚之间不得有绝缘部件。如果内底和脚之间有鞋垫，则应检查鞋/鞋垫组合体的电阻值。

（2）使用导电鞋（防静电鞋）的场所应是能导电的地面。

（3）禁止将防静电鞋当绝缘鞋使用。

（4）在220kV及以上电压等级的带电线路杆塔上及变电站构架上作业时，应穿导电鞋。

（5）在必要时，建立一个内部电阻测试并定期使用。

（二十）个人保安线

1. 检查要求

（1）保安线的厂家名称或商标、产品的型号或类别、横截面积（mm^2）、双三角、生产年份等标识清晰完整。

（2）保安线应用多股软铜线，其截面不得小于 16mm^2；保安线的绝缘护套材料应柔韧透明，护层厚度大于 1mm。护套应无孔洞、撞伤、擦伤、裂缝、龟裂等现象，导线无裸露、无松股、中间无接头、断股和发黑腐蚀。汇流夹应由 T3 或 T2 铜制成，压接后应无裂纹，与保安线连接牢固。

（3）线夹完整、无损坏，线夹与电力设备及接地体的接触面无毛刺。

（4）保安线应采用线鼻与线夹相连接，线鼻与线夹连接牢固，接触良好，无松动、腐蚀及灼伤痕迹。

2. 使用要求

（1）个人保安线仅作为预防感应电使用，不得以此代替电力安全工作规程规定的工作接地线。只有在工作接地线挂好后，方可在工作相上挂个人保安线。

（2）工作地段如有邻近、平行、交叉跨越及同杆塔架设线路，为防止停电检修线路上感应电压伤人，在需要接触或接近导线工作时，应使用个人保安线。

（3）个人保安线应在杆塔上接触或接近导线的作业开始前挂接，作业结束脱离导线后拆除。

（4）装设时，应先接接地端，后接导线端，且接触良好，连接可靠。拆个人保安线的顺序与此相反。个人保安线由作业人员负责自行装、拆。

（5）在杆塔或横担接地通道良好的条件下，个人保安线接地端允许接在杆塔或横担上。

（二十一）SF_6 气体检漏仪

1. 检查要求

（1）外观良好，仪器完整，仪器名称、型号、制造厂名称、出厂时间、编号等应齐全、清晰。附件齐全。

（2）仪器连接可靠，各旋钮应能正常调节。

（3）通电检查时，外露的可动部件应能正常动作；显示部分应有相应指示；对有真空要求的仪器，真空系统应能正常工作。

2. 使用要求

（1）在开机前，操作者要首先熟悉操作说明，严格按照仪器的开机和关机步骤进行操作。

（2）严禁将探枪放在地上，探枪孔不得被灰尘污染，以免影响仪器的性能。

（3）探枪和主机不得拆卸，以免影响仪器正常工作。

（4）仪器是否正常以自校格数为准。仪器探头已调好，勿自行调节。

（5）注意真空泵的维护保养，注意电磁阀是否正常动作，并检查电磁阀的密封性。

（6）给真空泵换油时，仪器不得带电（要拔掉电源线），以免发生触电事故。

（7）仪器在运输过程中严禁倒置，不可剧烈振动。

（二十二）含氧量测试仪及有害气体检测仪

1. 检查要求

（1）标识清晰完整，外观完好无破损。

（2）开机后自检功能正常。

2. 使用要求

含氧量测试仪及有害气体检测仪专门用于危险环境和有限、密闭空间的含氧量、有害气体检测，应依据测试仪使用说明书进行操作。

（二十三）防火服

1. 检查要求

（1）标识清晰完整。

（2）如防火服和化学品接触，或发现有气泡现象，则应清洗整个表面。

（3）如发现防火服外部有损坏，则应更换防火服。

2. 使用要求

（1）每次使用后，要重点检查是否有磨损情况。

（2）防火服在重新存放前务必进行彻底干燥，晾好存放，最好不要折叠。

二、绝缘安全工器具

（一）电容型验电器

1. 检查要求

（1）电容型验电器的额定电压或额定电压范围、额定频率（或频率范围）、生产厂名和商标、出厂编号、生产年份、适用气候类型（C、N或W）、检验日期及带电作业用（双三角）符号等标识清晰完整。

（2）验电器的各部件，包括手柄、护手环、绝缘元件、限度标记（在绝缘杆上标注的一种醒目标志，向使用者指明应防止标志以下部分插入带电设备中或接触带电体）和接触电极、指示器和绝缘杆等均应无明显损伤。

（3）绝缘杆应清洁、光滑，绝缘部分应无气泡、皱纹、裂纹、划痕、硬伤、绝缘层脱落、严重的机械或电灼伤痕。伸缩型绝缘杆各节配合合理，拉伸后不应自动回缩。

（4）指示器应密封完好，表面应光滑、平整。

（5）手柄与绝缘杆、绝缘杆与指示器的连接应紧密牢固。

（6）自检三次，指示器均应有视觉和听觉信号出现。

2. 使用要求

（1）验电器的规格必须符合被操作设备的电压等级，使用验电器时，应轻拿轻放。

（2）操作前，验电器杆表面应用清洁的干布擦拭干净，使表面干燥、清洁。并在有电设备上进行试验，确认验电器良好；无法在有电设备上进行试验时可用高压发生器等确证验电器良好。如在木杆、木梯或木架上验电，不接地不能指示者，经运行值班负责人或工作负责人同意后，可在验电器绝缘杆尾部接上接地线。

（3）操作时，应戴绝缘手套，穿绝缘靴。使用抽拉式电容型验电器时，绝缘杆应完全拉开。人体应与带电设备保持足够的安全距离，操作者的手握部位不得越过护环，以保持有效的绝缘长度。

（4）非雨雪型电容型验电器不得在雷、雨、雪等恶劣天气时使用。

（5）使用操作前，应自检一次，声光报警信号应无异常。

（二）携带型短路接地线

1. 检查要求

（1）接地线的厂家名称或商标、产品的型号或类别、接地线横截面积（mm^2）、生产年份及带电作业用（双三角）符号等标识清晰完整。

（2）接地线的多股软铜线截面不得小于 $25mm^2$，其他要求同个人保安接地线。

（3）接地操作杆同绝缘杆的要求。

（4）线夹完整、无损坏，与操作杆连接牢固，有防止松动、滑动和转动的措施。应操作方便，安装后应有自锁功能。线夹与电力设备及接地体的接触面无毛刺，紧固力应不致损坏设备导线或固定接地点。

2. 使用要求

（1）接地线的截面应满足装设地点短路电流的要求，长度应满足工作现场需要。

（2）经验明确无电压后，应立即装设接地线并三相短路（直流线路两极接地线分别直接接地），利用铁塔接地或与杆塔接地装置电气上直接相连的横担接地时，允许每相分别接地，对于无接地引下线的杆塔，可采用临时接地体。

（3）装设接地线时，应先接接地端，后接导线端，接地线应接触良好、连接应可靠，拆除接地线的顺序与此相反，人体不准碰触未接地的导线。

（4）装、拆接地线均应使用满足安全长度要求的绝缘棒或专用的绝缘绳。

（5）禁止使用其他导线作接地线或短路线，禁止用缠绕的方法进行接地或短路。

（6）设备检修时模拟盘上所挂接地线的数量、位置和接地线编号，应与工作票和操作票所列内容一致，与现场所装设的接地线一致。

（三）绝缘杆

1. 检查要求

（1）绝缘杆的型号规格、制造厂名、制造日期、电压等级及带电作业用（双三角）符号等标识清晰完整。

（2）绝缘杆的接头不管是固定式的还是拆卸式的，连接都应紧密牢固，无松动、锈蚀和断裂等现象。

（3）绝缘杆应光滑，绝缘部分应无气泡、皱纹、裂纹、绝缘层脱落、严重的机械或电灼伤痕，玻璃纤维布与树脂间黏接完好不得开胶。

（4）手持部分护套与操作杆连接紧密、无破损，不产生相对滑动或转动。

2. 使用要求

（1）绝缘操作杆的规格必须符合被操作设备的电压等级，切不可任意取用。

（2）操作前，绝缘操作杆表面应用清洁的干布擦拭干净，使表面干燥、清洁。

（3）操作时，人体应与带电设备保持足够的安全距离，操作者的手握部位不得越过护环，以保持有效的绝缘长度，并注意防止绝缘操作杆被人体或设备短接。

（4）为防止因受潮而产生较大的泄漏电流，危及操作人员的安全，在使用绝缘操作杆拉合隔离开关或经传动机构拉合隔离开关和断路器时，均应戴绝缘手套。

（5）雨天在户外操作电气设备时，绝缘操作杆的绝缘部分应有防雨罩，防雨罩的上口应与绝缘部分紧密结合，无渗漏现象，以便阻断流下的雨水，使其不致形成连续的水流柱而大大降低湿闪电压。另外，雨天使用绝缘杆操作室外高压设备时，还应穿绝缘靴。

（四）核相器

1. 检查要求

（1）核相器的标称电压或标称电压范围、标称频率或标称频率范围、能使用的等级（A、B、C 或 D）、生产厂名称、型号、出厂编号、指明户内或户外型、适应气候类别（C、N 或 W）、生产日期、警示标记、供电方式及带电作业用（双三角）符号等标识清晰完整。

（2）核相器的各部件，包括手柄、手护环、绝缘元件、电阻元件、限位标记和接触电极、连接引线、接地引线、指示器、转接器和绝缘杆等均应无明显损伤。指示器表面应光滑、平整，绝缘杆内外表面应清洁、光滑，无划痕及硬伤。连接线绝缘层应无破损、老化现象，导线无扭结现象。

（3）各部件连接应牢固可靠，指示器应密封完好。

2. 使用要求

（1）核相器的规格必须符合被操作设备的电压等级，使用核相器时，应轻拿轻放。

（2）操作前，核相器杆表面应用清洁的干布擦拭干净，使表面干燥、清洁。

（3）操作时，人体应与带电设备保持足够的安全距离，操作者的手握部位不得越过护手环，以保持有效的绝缘长度。

（五）绝缘遮蔽罩

1. 检查要求

（1）绝缘遮蔽罩的制造厂名、商标、型号、制造日期、电压等级及带电作业用（双三角）符号等标识清晰完整。

（2）遮蔽罩内外表面不应存在破坏其均匀性、损坏表面光滑轮廓的缺陷，如小孔、裂缝、局部隆起、切口、夹杂导电异物、折缝、空隙及凹凸波纹等。

（3）提环、孔眼、挂钩等用于安装的配件应无破损，闭锁部件应开闭灵活，闭锁可靠。

2. 使用要求

（1）绝缘遮蔽罩应根据使用电压的等级来选择，不得越级使用。

（2）当环境为−25～55℃时，建议使用普通遮蔽罩；当环境温度为−40～55℃，建议使用 C 类遮蔽罩；当环境温度为−10～70℃时，建议使用 W 类遮蔽罩。

（3）现场带电安放绝缘遮蔽罩时，应按要求穿戴绝缘防护用具。

（六）绝缘隔板

1. 检查要求

（1）绝缘隔板的标识清晰完整。

（2）隔板无老化、裂纹或孔隙。

（3）绝缘隔板一般用环氧玻璃丝板制成，用于 10kV 电压等级的绝缘隔板厚度不应小于 3mm，用于 35kV 电压等级的绝缘隔板厚度不应小于 4mm。

2. 使用要求

（1）装拆绝缘隔板时应与带电部分保持一定距离（符合安全规程的要求），或者使用绝缘工具进行装拆。

（2）使用绝缘隔板前，应先擦净绝缘隔板的表面，保持表面洁净。

（3）现场放置绝缘隔板时，应戴绝缘手套；如在隔离开关动、静触头之间放置绝缘隔板时，应使用绝缘棒。

（4）绝缘隔板在放置和使用中要防止脱落，必要时可用绝缘绳索将其固定并保证牢靠。

（5）绝缘隔板应使用尼龙等绝缘挂线悬挂，不能使用胶质线，以免在使用中造成接地或短路。

（七）绝缘夹钳

1. 检查要求

（1）绝缘夹钳的型号规格、制造厂名、制造日期、电压等级等标识清晰完整。

（2）绝缘夹钳的绝缘部分应无气泡、皱纹、裂纹、绝缘层脱落、严重的机械或电灼伤痕，玻璃纤维布与树脂间黏接完好不得开胶。握手部分护套与绝缘部分连接紧密、无破损，不产生相对滑动或转动。

（3）绝缘夹钳的钳口动作灵活，无卡阻现象。

2. 使用要求

（1）绝缘夹钳的规格应与被操作线路的电压等级相符合。

（2）操作前，绝缘夹钳表面应用清洁的干布擦拭干净，使表面干燥、清洁。

（3）操作时，应穿戴护目眼镜、绝缘手套和绝缘鞋或站在绝缘台（垫）上，精神集中，保持身体平衡，握紧绝缘夹钳不使其滑脱落下。人体应与带电设备保持足够的安全距离，操作者的手握部位不得越过护环，以保持有效的绝缘长度，并注意防止绝缘夹钳被人体或设备短接。

（4）绝缘夹钳严禁装接地线，以免接地线在空中摆动触碰带电部分造成接地短路和触电事故。

（5）在潮湿天气，应使用专用的防雨绝缘夹钳。

（八）带电作业用安全帽

1. 检查要求

带电作业用安全帽的产品名称、制造厂名、生产日期及带电作业用（双三角）符号等永久性标识清晰完整，其他要求同安全帽。

2. 使用要求

带电作业时应佩戴带电作业用安全帽，其他要求同安全帽。

（九）绝缘服装

1. 检查要求

（1）绝缘服装的制造厂或商标、型号及种类、电压级别、生产日期及带电作业用（双三角）符号等标识清晰完整。

（2）内外表面均应完好无损、均匀光滑，无小孔、局部隆起、夹杂异物、折缝、空隙等。

（3）整体应具有足够的弹性且平坦，并采用无缝制作方式。

2. 使用要求

（1）绝缘服装应根据使用电压的高低、不同防护条件来选择。

（2）绝缘服装使用的环境温度为 –25～55℃。

（十）带电作业用绝缘手套

1. 检查要求

带电作业用绝缘手套的可适用的种类、尺寸、电压等级、制造年月及带电作业用（双三角）符号等标识清晰完整。复合绝缘手套还应具有机械防护符号。其他要求同绝缘手套。

2. 使用要求

（1）带电作业用绝缘手套应根据使用电压的高低、不同防护条件来选择，不得越级使用，以免造成击穿而触电。

（2）带电作业用绝缘手套应避免不必要地暴露在高温、阳光下，也要尽量避免和机油、油脂、变压器油、工业乙醇以及强酸接触，应避免尖锐物体刺、划。

（十一）带电作业用绝缘靴（鞋）

1. 检查要求

（1）带电作业用绝缘靴（鞋）的鞋号、生产年月、标准号、耐电压数值、制造商名称、产品名称、出厂检验合格印章及带电作业用（双三角）符号等标识清晰完整。

（2）绝缘靴应无针孔、裂纹、砂眼、气泡、切痕、嵌入导电杂物、明显的压膜痕迹及合模凹陷等缺陷。

（3）绝缘靴后跟高度不超过 30mm，外底应有防滑花纹。

2. 使用要求

带电作业时穿带电作业用绝缘靴（鞋），其他要求同绝缘靴（鞋）。

（十二）带电作业用绝缘垫

1. 检查要求

带电作业用绝缘垫的制造厂或商标、种类、型号（长度和宽度）、电压级别、生产日期及带电作业用（双三角）符号等标识清晰完整。其他要求同绝缘胶垫。

2. 使用要求

带电作业用绝缘垫应根据使用电压的高低等条件来选择，不得越级使用，其他要求同绝缘胶垫。

（十三）带电作业用绝缘毯

1. 检查要求

同带电作业用绝缘垫。

2. 使用要求

带电作业用绝缘毯包裹导体时，应牢固不松脱。

（十四）带电作业用绝缘硬梯

1. 检查要求

（1）带电作业用绝缘硬梯的名称、电压等级、商标、型号、制造日期、制造厂名及带电作业用（双三角）符号等标识清晰完整。

（2）绝缘硬梯的各部件应完整光滑，无气泡、皱纹、开裂或损伤，玻璃纤维布与树脂间黏接完好不得开胶，杆段间连接牢固无松动，整梯无松散。

（3）金属联接件无目测可见的变形，防护层完整，活动部件灵活。

（4）升降梯升降灵活，锁紧装置可靠。

2. 使用要求

（1）梯子使用高度超过5m，请务必在梯子中上部设立ϕ8mm以上拉线。

（2）绝缘硬梯应根据使用电压等级来选择，不得越级使用。

（3）使用时，绝对禁止超过梯子的工作负荷，需要有人扶持梯子进行保护（同时防止梯子侧歪），并用脚踩住梯子的底脚，以防底脚发生移动。身体保持在梯梆的横撑中间，保持正直，不能伸到外面。

（十五）绝缘托瓶架

1. 检查要求

（1）绝缘托瓶架的商标及型号、制造日期、制造厂名、电压等级及带电作业用（双三角）符号等标识清晰完整。

（2）绝缘托瓶架的各部件应完整，表面应光滑平整，绝缘部分无气泡、皱纹、开裂、老化、绝缘层脱落及严重伤痕，玻璃纤维布与树脂间黏接完好，杆、段、板间连接牢固，无松动、锈蚀及断裂等现象。

（3）绝缘托瓶架各部位外形应倒圆弧，不得有尖锐棱角。

2. 使用要求

绝缘托瓶架应根据使用电压等级、不同载荷条件来选择。

（十六）带电作业用绝缘绳（绳索类工具）

1. 检查要求

（1）带电作业用绝缘绳（绳索类工具）的标志应清晰，每股绝缘绳索及每股线均应紧密绞合，不得有松散、分股的现象。

（2）绳索各股及各股中丝线均不应有叠痕、凸起、压伤、背股、抽筋等缺陷，不得有错乱、交叉的丝、线、股。

（3）接头应单根丝线连接，不允许有股接头。单丝接头应封闭于绳股内部，不得露在外面。

（4）股绳和股线的捻距及纬线在其全长上应均匀。

（5）经防潮处理后的绝缘绳索表面应无油渍、污迹、脱皮等。

2. 使用要求

（1）可根据工作要求选用不同机械性能的常规强度绝缘绳

（绳索类工具）或高强度绝缘绳（绳索类工具）。根据不同气候条件选用常规型绝缘绳（绳索类工具）或防潮型绝缘绳（绳索类工具）。

（2）使用时，绝缘绳（绳索类工具）应避免不必要地暴露在高温、阳光下，也要避免和机油、油脂、变压器油、工业乙醇接触，严禁与强酸、强碱物质接触。

（3）常规型绝缘绳（绳索类工具）适用于晴朗干燥气候条件下的带电作业。防潮型绝缘绳（绳索类工具）适用于无雨雪、无持续浓雾的各种气候条件下作业。对已潮湿的绝缘绳（绳索类工具）应进行干燥处理，但干燥的温度不宜超过 65℃。

（4）可根据绝缘绳使用频度和状况，并考虑到电气化学和环境储存等因素可能造成的老化，确定绝缘绳（绳索类工具）的使用年限。

（十七）绝缘软梯

1. 检查要求

（1）绝缘软梯的标识应清晰完整，整体应保持干燥、洁净、无破损缺陷。

（2）边绳及环形绳要求。

1）编织结构：绳扣接头应采用镶嵌方式，接头应紧密匀称；环形绳与边绳的包箍连接点应平服、牢固扣紧；边绳与环形绳应紧密绞合，不得有松散、分股等缺陷。内、外纬线的节距应匀称，股线连接接头应牢固，且应嵌入编织层内，不得突露在外表面。

2）捻合结构：绳索和绳股应连续而无捻接。捻合成的绳索和绳股应紧密胶合，无松散、分股的现象；绳索各股及各股中丝线无叠痕、凸起、压伤、背股、抽筋等缺陷，无错乱、交叉的丝、线、股；绳索各股中绳纱及无捻连接的单丝数应相同；绳索应由绳股以“Z”向捻合成，绳股本身为“S”捻向；股绳和股线的捻距应均匀；绳扣接头应从绳索套扣下端开始，且每绳股应连续镶嵌 5 道。镶嵌成的接头应紧密匀称，末端应用丝线牢固绑扎；环形绳与边绳的连接应牢固、平服。

（3）横蹬要求：用作横蹬的环氧酚醛层压玻璃布管应平整、光滑、外表面涂有绝缘漆；横蹬应紧密牢固地固定在两边绳上，不得有横向滑移的现象。

（4）金属心形环要求：金属心形环表面光洁，无毛刺、疤痕、切纹等缺陷。边缘呈圆弧状，表面镀锌层良好，无目测可见的锈蚀；金属心形环镶嵌在绳索套扣内应紧密无松动。

（5）软梯头要求：软梯头的主要部件应表面光滑，无尖边、毛刺、缺口、裂纹、锈蚀等缺陷；各部件连接应紧密牢固，整体性好；软梯头滚轮与轴应润滑、可靠。

2. 使用要求

（1）在导、地线上悬挂软梯进行等电位作业前，应检查本档两端杆塔处导、地线的紧固情况，经检查无误后方可攀登。

（2）在导线或地线上悬挂软梯时，应验算导线、地线以及交叉跨越物之间的安全距离是否满足要求。

（3）作业中，应保证带电导线及人体对被跨越的电力线路、通信线路和其他建筑物的安全距离。

（4）其他同普通软梯使用要求。

（十八）带电作业用绝缘滑车

1. 检查要求

（1）带电作业用绝缘滑车的商标、型号、制造日期、制造厂名、出厂编号及带电作业用（双三角）符号等标识清晰完整。

（2）轴、吊钩（环）、梁、侧板等不得有裂纹和显著的变形，滑车的绝缘部分应光滑，无气泡、皱纹、开裂等现象。

（3）滑轮槽底光滑，在中轴上转动灵活，无卡阻和碰擦轮缘现象。槽底所附材料完整，与轮毂粘结牢固。

（4）吊钩及吊环在吊梁上应转动灵活，应采用开槽螺母，侧面螺栓高出螺母部分不大于 2mm。

（5）侧板开口在 90° 范围内应无卡阻现象，保险扣完整、有效。

2. 使用要求

（1）使用前，应将绝缘滑车绝缘部分擦拭干净。

（2）滑车不准拴在不牢固的结构物上。线路作业中使用滑车应有防止脱钩的保险装置，否则必须采取封口措施，使用开门滑车时，应将开门勾环扣紧，防止绳索自动跑出。

（十九）带电作业用提线工具

1. 检查要求

（1）带电作业用提线工具制造厂、商标、型号、出厂编号、额定负荷、出厂日期、电压等级及带电作业用（双三角）符号等标识清晰完整。

（2）各组成部分表面均匀光滑，无尖棱、毛刺、裂纹等缺陷。金属件完整，无裂纹、变形和严重锈蚀；螺纹螺杆不应有明显磨损。绝缘板（棒、管）材无气孔、开裂、缺损，绝缘绳索无断股、霉变、脆裂等缺陷。与导线接触面的部位应镶有橡胶材质的衬垫。

（3）各部件组装应配合紧密可靠，调节螺杆、换向装置转动灵活，连接销轴牢固，保险可靠。

2. 使用要求

带电作业用提线工具应根据使用电压等级、载荷条件来选择。

（二十）辅助型绝缘手套

1. 检查要求

（1）辅助型绝缘手套的电压等级、制造厂名、制造年月等标识清晰完整。

（2）手套应质地柔软良好，内外表面均应平滑、完好无损，无划痕、裂缝、折缝和孔洞。

（3）用卷曲法或充气法检查手套有无漏气现象。

2. 使用要求

（1）辅助型绝缘手套应根据使用电压的高低、不同防护条件来选择。

（2）作业时，应将上衣袖口套入绝缘手套筒口内。

（3）按照电力安全工作规程有关要求进行设备验电、倒闸操作、装拆接地线等工作时应戴绝缘手套。

（二十一）辅助型绝缘靴（鞋）

1. 检查要求

（1）辅助型绝缘靴（鞋）的鞋帮或鞋底上的鞋号、生产年月、标准号、电绝缘字样（或英文 EH）、闪电标记、耐电压数值、制造商名称、产品名称、电绝缘性能出厂检验合格印章等标识清晰完整。

（2）绝缘靴（鞋）应无破损，宜采用平跟，鞋底应有防滑花纹，鞋底（跟）磨损不超过 1/2。鞋底不应出现防滑齿磨平、外底磨露出绝缘层等现象。

2. 使用要求

（1）辅助型绝缘靴（鞋）应根据使用电压的高低、不同防护条件来选择。

（2）穿用电绝缘皮鞋和电绝缘布面胶鞋时，其工作环境应能保持鞋面干燥。在各类高压电气设备上工作时，使用电绝缘鞋，可配合基本安全用具（如绝缘棒、绝缘夹钳）触及带电部分，并要防护跨步电压所引起的电击伤害。在潮湿、有蒸汽、冷凝液体、导电灰尘或易发生危险的场所，尤其应注意配备合适的电绝缘鞋，应按标准规定的使用范围正确使用。

（3）穿用绝缘靴时，应将裤管套入靴筒内。

（4）穿用电绝缘鞋应避免接触锐器、高温、腐蚀性和酸碱油类物质，防止电绝缘鞋受到损伤而影响电绝缘性能。防穿刺型、耐油型及防砸型绝缘鞋除外。

（二十二）辅助型绝缘胶垫

1. 检查要求

（1）辅助型绝缘胶垫的等级和制造厂名等标识清晰完整。

（2）上下表面应不存在有害的不规则性。有害的不规则性是指下列特征之一，即破坏均匀性、损坏表面光滑轮廓的缺陷，如小孔、裂缝、局部隆起、切口、夹杂导电异物、折缝、空隙、凹凸波纹及铸造标志等。

2. 使用要求

（1）辅助型绝缘胶垫应根据使用电压的高低等条件来选择。

（2）操作时，绝缘胶垫应避免不必要地暴露在高温、阳光下，也要尽量避免和机油、油脂、变压器油、工业乙醇以及强酸接触，应避免尖锐物体刺、划。

三、登高工器具

（一）脚扣

1. 检查要求

（1）标识清晰完整，金属母材及焊缝无任何裂纹和目测可见的变形，表面光洁，边缘呈圆弧形。

（2）围杆钩在扣体内滑动灵活、可靠、无卡阻现象；保险装置可靠，防止围杆钩在扣体内脱落。

（3）小爪连接牢固，活动灵活。

（4）橡胶防滑块与小爪钢板、围杆钩连接牢固，覆盖完整，无破损。

（5）脚带完好，止脱扣良好，无霉变、裂缝或严重变形。

2. 使用要求

（1）登杆前，应在杆根处进行一次冲击试验，无异常方可继续使用。

（2）应将脚扣脚带系牢，登杆过程中应根据杆径粗细随时调整脚扣尺寸。

（3）特殊天气使用脚扣时，应采取防滑措施。

（4）严禁从高处往下扔摔脚扣。

（二）升降板（登高板）

1. 检查要求

（1）标识清晰完整，钩子不得有裂纹、变形和严重锈蚀，心型环完整、下部有插花，绳索无断股、霉变或严重磨损。

（2）踏板窄面上不应有节子，踏板宽面上节子的直径不应大于6mm，干燥细裂纹长不应大于150mm，深不应大于10mm。踏板无严重磨损，有防滑花纹。

（3）绳扣接头每绳股连续插花应不少于4道，绳扣与踏板间应套接紧密。

2. 使用要求

（1）登杆前在杆根处对升降板（登高板）进行冲击试验，判断升降板（登高板）是否有变形和损伤。

（2）升降板（登高板）的挂钩钩口应朝上，严禁反向。

（三）梯子

1. 检查要求

（1）型号或名称及额定载荷、梯子长度、最高站立平面高度、制造者或销售者名称（或标识）、制造年月、执行标准及基本危险警示标志（复合材料梯的电压等级）应清晰明显。

（2）踏棍（板）与梯梁连接牢固，整梯无松散，各部件无变形，梯脚防滑良好，梯子竖立后平稳，无目测可见的侧向倾斜。

（3）升降梯升降灵活，锁紧装置可靠。铝合金折梯铰链牢固，开闭灵活，无松动。

（4）折梯限制开度装置完整牢固。延伸式梯子操作用绳无断股、打结等现象，升降灵活，锁位准确可靠。

（5）竹木梯无虫蛀、腐蚀等现象。木梯梯梁的窄面不应有节子，宽面上允许有实心的或不透的、直径小于13mm 的节子，节子外缘距梯梁边缘应大于13mm，两相邻节子外缘距离不应小于0.9m。踏板窄面上不应有节子，踏板宽面上节子的直径不应大于6mm，踏棍上不应有直径大于3mm的节子。干燥细裂纹长不应大于150mm，深不应大于10mm。梯梁和踏棍（板）连接的受剪切面及其附近不应有裂缝，其他部位的裂缝长不应大于50mm。

（6）单梯在距梯顶1m处应设限高标志。

2. 使用要求

（1）梯子应能承受作业人员及所携带的工具、材料攀登时的总重量。

（2）梯子不得接长或垫高使用。如需接长时，应用铁卡子或绳索切实卡住或绑牢并加设支撑。

（3）梯子应放置稳固，梯脚要有防滑装置。使用前，应先进行试登，确认可靠后方可使用。有人员在梯子上工作时，梯子应有人扶持和监护。

（4）梯子与地面的夹角应为60°左右，工作人员必须在距梯顶1m以下的梯磴上工作。

（5）人字梯应具有坚固的铰链和限制开度的拉链。

（6）靠在管子上、导线上使用梯子时，其上端需用挂钩挂住或用绳索绑牢。

（7）在通道上使用梯子时，应设监护人或设置临时围栏。梯子不准放在门前使用，必要时采取防止门突然开启的措施。

（8）严禁人在梯子上时移动梯子，严禁上下抛递工具、材料。

（9）在变电站高压设备区或高压室内应使用绝缘材料的梯子，禁止使用金属梯子。搬动梯子时，应放倒两人搬运，并与带电部分保持安全距离。

（四）软梯

1. 检查要求

（1）标志清晰，每股绝缘绳索及每股线均应紧密绞合，不得有松散、分股的现象。

（2）绳索各股及各股中丝线均不应有叠痕、凸起、压伤、背股、抽筋等缺陷，不得有错乱、交叉的丝、线、股。

（3）接头应单根丝线连接，不允许有股接头。单丝接头应封闭于绳股内部，不得露在外面。

（4）股绳和股线的捻距及纬线在其全长上应均匀。

（5）经防潮处理后的绝缘绳索表面应无油渍、污迹、脱皮等。

2. 使用要求

（1）使用软梯进行移动作业时，软梯上只准一人工作。工作人员到达梯头上进行工作和梯头开始移动前，应将梯头的封口可靠封闭，否则应使用保护绳防止梯头脱钩。

（2）在连续档距的导、地线上挂软梯时，其导、地线的截面不得小于：钢芯铝绞线和铝合金绞线 120mm^2；钢绞线 50mm^2（等同 OPGW 光缆和配套的 LGJ－70/40 型导线）。

（3）在瓷横担线路上禁止挂梯作业，在转动横担的线路上挂梯前应将横担固定。

（五）快装脚手架

1. 检查要求

（1）复合材料构件表面应光滑，绝缘部分应无气泡、皱纹、裂纹、绝缘层脱落、明显的机械或电灼伤痕，纤维布（毡、丝）与树脂间黏接完好，不得开胶。

（2）供操作人员站立、攀登的所有作业面应具有防滑功能。

（3）外支撑杆应能调节长度，并有效锁止，支撑脚底部应有防滑功能。

（4）底脚应能调节高低且有效锁止，轮脚均应具有刹车功能，刹车后，脚轮中心应与立杆同轴。

2. 使用要求

（1）在使用前，全面检查已搭建好的脚手架，保证遵循所有的装配须知，保证脚手架的零件没有任何损坏。

（2）当脚手架已经调平且所有脚轮和调节腿已经固定，爬梯、平台板、开口板已钩好，才能爬上脚手架。

（3）当平台上有人和物品时，不要移动或调整脚手架。

（4）可从脚手架的内部爬梯进入平台，或从搭建梯子的梯阶爬入，还可以通过框架的过道进入，或通过平台的开口进入工作平台。

（5）如果在基座部分增加了垂直的延伸装置，必须在脚手架上使用外支撑或加宽工具进行固定。

（6）当平台高度超过 1.20m 时，必须使用安全护栏。

（7）严禁在脚手架上面使用产生较强冲击力的工具，严禁在大风中使用，严禁超负荷使用，严禁在软地面上使用。

（8）所有操作人员在搭建、拆卸和使用脚手架时，须戴安全帽，系好安全带。

（六）检修平台

1. 检查要求

（1）拆卸型检修平台。

1）检修平台的复合材料构件表面应光滑，绝缘部分应无气泡、皱纹、裂纹、绝缘层脱落、明显的机械或电灼伤痕，玻璃纤维布（毡、丝）与树脂间黏接完好，不得开胶。

2）检修平台的金属材料零件表面应光滑、平整，棱边应倒圆弧、不应有尖锐棱角，应进行防腐处理（铝合金宜采用表面阳极氧化处理；黑色金属宜采用镀锌处理；可旋转部位的材料宜采用不锈钢）。

3）检修平台供操作人员站立、攀登的所有作业面应具有防滑功能。

4）梯台型检修平台作业面上方不低于 1m 的位置应配置安全带或防坠器的悬挂装置，平台上方 1050～1200mm 处应设置防护栏。

（2）升降型检修平台。

1）复合材料构件及作业面要求同拆卸型检修平台。

2）起升降作用的牵引绳索（宜采用非导电材料）应无灼伤、脆裂、断股、霉变和扭结。

3）升降锁止机构应开启灵活、定位准确、锁止牢固且不损伤横档。

4）应装有机械式强制限位器，保证升降框架与主框架之间有足够的安全搭接量。

2. 使用要求

（1）按使用说明书的要求进行操作。

（2）应安装牢固。

（3）出工前、收工后应在安全工器具领出、收回记录中详细记录检修平台编号、领出和收回时间、使用者姓名、检查是否完好等内容。

附录 7

安全工器具保管及存放要求（规范性附录）

一、橡胶塑料类安全工器具

橡胶塑料类安全工器具应存放在干燥、通风、避光的环境下，存放时离开地面和墙壁 20cm 以上，离开发热源 1m 以上，避免阳光、灯光或其他光源直射，避免雨雪浸淋，防止挤压、折叠和尖锐物体碰撞，严禁与油、酸、碱或其他腐蚀性物品存放在一起。

（1）防护眼镜保管于干净、不易碰撞的地方。

（2）防毒面具应存放在干燥、通风，无酸、碱、溶剂等物质的库房内，严禁重压。防毒面具的滤毒罐（盒）的贮存期为 5 年（3 年），过期产品应经检验合格后方可使用。

（3）空气呼吸器在贮存时应装入包装箱内，避免长时间曝晒，不能与油、酸、碱或其他有害物质共同贮存，严禁重压。

（4）防电弧服贮存前必须洗净、晾干。不得与有腐蚀性物品放在一起，存放处应干燥通风，避免长时间接触地气受潮。防止紫外线长时间照射。长时间保存时，应注意定期晾晒，以免霉变、虫蛀以及滋生细菌。

（5）橡胶和塑料制成的耐酸服存放时应注意避免接触高温，用后清洗晾干，避免暴晒，长期保存应撒上滑石粉以防粘连。合成纤维类耐酸服不宜用热水洗涤、熨烫，避免接触明火。

（6）绝缘手套使用后应擦净、晾干，保持干燥、清洁，最好撒上滑石粉以防粘连。绝缘手套应存放在干燥、阴凉的专用柜内，与其他工具分开放置，其上不得堆压任何物件，以免刺破手套。

绝缘手套不允许放在过冷、过热、阳光直射和有酸、碱、药品的地方，以防胶质老化，降低绝缘性能。

（7）橡胶、塑料类等耐酸手套使用后应将表面酸碱液体或污物用清水冲洗、晾干，不得暴晒及烘烤。长期不用可撒涂少量滑石粉，以免发生粘连。

（8）绝缘靴（鞋）应放在干燥通风的仓库中，防止霉变。贮存期限一般为24个月（自生产日期起计算），超过24个月的产品须逐只进行电性能预防性试验，只有符合标准规定的鞋，方可以销售或使用。电绝缘胶靴不允许放在过冷、过热、阳光直射和有酸、碱、油品、化学药品的地方。应存放在干燥、阴凉的专用柜内或支架上。

（9）耐酸靴穿用后，应立即用水冲洗，存放阴凉处，撒滑石粉，以防粘连，应避免接触油类、有机溶剂和锐利物。

（10）当绝缘垫（毯）脏污时，可在不超过制造厂家推荐的水温下对其用肥皂进行清洗，再用滑石粉让其干燥。如果绝缘垫粘上了焦油和油漆，应该马上用适当的溶剂对受污染的地方进行擦拭，应避免溶剂使用过量。汽油、石蜡和纯酒精可用来清洗焦油和油漆。绝缘垫（毯）贮存在专用箱内，对潮湿的绝缘垫（毯）应进行干燥处理，但干燥处理的温度不能超过65℃。

（11）防静电鞋和导电鞋应保持清洁。如表面污染尘土、附着油蜡、粘贴绝缘物或因老化形成绝缘层后，对电阻影响很大。刷洗时要用软毛刷、软布蘸酒精或不含酸、碱的中性洗涤剂。

（12）绝缘遮蔽罩使用后应擦拭干净，装入包装袋内，放置于清洁、干燥通风的架子或专用柜内，上面不得堆压任何物件。

二、环氧树脂类安全工器具

环氧树脂类安全工器具应置于通风良好、清洁干燥、避免阳光直晒和无腐蚀、有害物质的场所保存。

（1）绝缘杆应架在支架上或悬挂起来，且不得贴墙放置。

（2）绝缘隔板应统一编号，存放在室内干燥通风、离地面200mm以上专用的工具架上或柜内。如果表面有轻度擦伤，应涂绝缘漆处理。

（3）接地线不用时将软铜线盘好，存放在干燥室内，宜存放在专用架上，架上的号码与接地线的号码应一致。

（4）核相器应存放在干燥通风的专用支架上或者专用包装盒内。

（5）验电器使用后应存放在防潮盒或绝缘安全工器具存放柜内，置于通风干燥处。

（6）绝缘夹钳应保存在专用的箱子或匣子里以防受潮和磨损。

三、纤维类安全工器具

纤维类安全工器具应放在干燥、通风、避免阳光直晒、无腐蚀及有害物质的位置，并与热源保持1m以上的距离。

（1）安全带不使用时，应由专人保管。存放时，不应接触高温、明火、强酸、强碱或尖锐物体，不应存放在潮湿的地方。储存时，应对安全带定期进行外观检查，发现异常必须立即更换，检查频次应根据安全带的使用频率确定。

（2）安全绳每次使用后应检查，并定期清洗。

（3）安全网不使用时，应由专人保管，储存在通风、避免阳光直射，干燥环境，不应在热源附近储存，避免接触腐蚀性物质或化学品，如酸、染色剂、有机溶剂、汽油等。

（4）合成纤维带速差式防坠器，如果纤维带浸过泥水、油污等，应使用清水（勿用化学洗涤剂）和软刷对纤维带进行刷洗，清洗后放在阴凉处自然干燥，并存放在干燥少尘的环境下。

（5）静电防护服装应保持清洁，保持防静电性能，使用后用软毛刷、软布蘸中性洗涤剂刷洗，不可损伤服料纤维。

（6）屏蔽服装应避免熨烫和过度折叠，应包装在一个里面衬有丝绸布的塑料袋里，避免导电织物的导电材料在空气中氧化。整箱包装时，避免屏蔽服装受重压。

四、其他类安全工器具

（1）钢绳索速差式防坠器，如钢丝绳浸过泥水等，应使用涂有少量机油的棉布对钢丝绳进行擦洗，以防锈蚀。

（2）安全围栏（网）应保持完整、清洁无污垢，成捆整齐存放。

（3）标识牌、警告牌等，应外观醒目，无弯折、无锈蚀，摆放整齐。

附录 8

安全工器具库房建设要求
（资料性附录）
（不含带电作业工器具库房）

一、基本原则

（1）安全工器具库房建设应坚持实用集约、因地制宜，以改建和扩建为主，优先利用现有基础条件，满足各班组、站所实际业务需求为原则。

（2）安全工器具库房规划、建设应遵循建筑、消防、照明、电气等相关国家标准。

二、一般要求

（一）环境要求

（1）库房应修建在环境清洁、干燥、通风良好的地方，且便于安全工器具运输及进出。建筑地面宜采用硬化地面，满足承重要求，具备条件的可以采用耐磨地坪。处在一楼的库房，地面应做好防水、防潮处理。

（2）库房的装修材料中，应采用不起尘、阻燃、隔热、防潮、无毒的材料。

（3）库房宜具备温湿度控制、调节功能。温度宜控制在 10～28℃，湿度不应大于 60%。

（二）空间要求

（1）库房净空高度宜大于 2.7m。

（2）各库房因地制宜开展区域划分，库房一般可以划分为存放区、过渡区、待检区、待报废区，库房受限的相应区域可做合并设置。其中过渡区可以作为安全工器具的保养、整理和暂存区域，若室内外温差较大，安全工器具入库前应在过渡区暂存 1h 以上，不再出现凝露时再放入存放区。

（三）其他要求

（1）库房外墙应设置标识牌，标识牌应满足按照《国家电网公司标识应用手册》的相关要求，设置在进门醒目位置。

（2）库房应根据国家消防有关规定和公司消防安全要求配备消防设施器材。

三、库房管理

（一）总体要求

库房所在专业室、班组或供电所，应按照“谁使用、谁管理”原则，全面负责库房的日常检查、维护和管理。同时指定 1 名库房管理人员，落实并开展相关工作。

（二）库房管理人员职责

（1）库房管理人员应对首次入库的安全工器具进行扫码建档、分类存放。库房可配置 RFID 标签打印机。

（2）安全工器具借用（归还）时，应进行外观检查、扫码登记，经库房管理人员确认后方可出（入）库。

（3）库房管理人员应根据台账信息，定期做好安全工器具的检查、维护、送检、报废等工作，保证安全工器具状况良好。

（4）库房管理人员应根据库存情况提报安全工器具采购申请，以满足生产作业实际需求。

（三）日常运维

库房所在专业室、班组或供电所，应将库房环境状态、测控及信息系统运行状况，纳入日常运维范围。发现险情应及时报告和妥善应对处置。

附录 9

参　考　标　准

1. GB 26859—2011《电力安全工作规程　电力线路部分》

2. GB 26860—2011《电力安全工作规程　发电厂和变电站电气部分》

3. GB 26861—2011《电力安全工作规程　高压试验室部分》

4. DL 5009.2—2013《电力建设安全工作规程　第 2 部分：电力线路》

5. DL 5009.3—2013《电力建设安全工作规程　第 3 部分：变电站》

6. DL/T 477—2021《农村电网低压电气安全工作规程》

7. Q/GDW 1799.1—2013《国家电网公司电力安全工作规程（变电部分）》

8. Q/GDW 1799.2—2013《国家电网公司电力安全工作规程（线路部分）》

9. GB 50233—2014《110kV～750kV 架空输电线路施工及验收规范》

10. DL/T 976—2017《带电作业工具、装置和设备预防性试验规程》

11. GB 2811—2019《头部防护　安全帽》

12. GB 2890—2022《呼吸防护　自吸过滤式防毒面具》

13. GB 5725—2009《安全网》

14. GB 6095—2021《坠落防护安全带》

15. GB 7059—2007《便携式木梯安全要求》

16. GB 8918—2006《重要用途钢丝绳》

17. GB 21148—2020《足部防护　安全鞋》

18. GB 12142—2007《便携式金属梯安全要求》

19. GB 13398—2008《带电作业用空心绝缘管、泡沫填充绝缘管和实心绝缘棒》

20. GB 24542—2009《坠落防护　带刚性导轨的自锁器》

21. GB 24543—2009《坠落防护　安全绳》

22. GB 24544—2009《坠落防护　速差自控器》

23. GB/T 6096—2020《坠落防护　安全带系统性能测试方法》

24. GB/T 6568—2008《带电作业用屏蔽服装》

25. GB/T 8170—2008《数值修约规则与极限数值的表示和判定》

26. GB/T 8834—2016《纤维绳索　有关物理和机械性能的测定》

27. GB/T 12168—2006《带电作业用遮蔽罩》

28. GB/T 12903—2008《个体防护装备术语》

29. GB/T 13034—2008《带电作业用绝缘滑车》

30. GB/T 13035—2008《带电作业用绝缘绳索》

31. GB/T 14286—2021《带电作业工具设备术语》

32. GB/T 15632—2008《带电作业用提线工具通用技术条件》

33. GB/T 16762—2020《一般用途钢丝绳吊索特性和技术条件》

34. GB/T 16927.1—2011《高电压试验技术　第 1 部分：一般试验定义及实验要求》

35. GB/T 16927.2—2013《高电压试验技术　第 2 部分：测量系统》

36. GB/T 17620—2008《带电作业用绝缘硬梯》

37. GB/T 17622—2008《带电作业用绝缘手套》

38. GB/T 18136—2008《交流高压静电防护服装及试验方法》

39. GB/T 20097—2006《防护服　一般要求》

40. GB/T 23468—2009《坠落防护装备安全使用规范》

41. GB/T 23469—2009《坠落防护　连接器》
42. GB/T 24538—2009《坠落防护　缓冲器》
43. GB/T 27025—2019《检测和校准实验室能力的通用要求》
44. DL 740—2014《电容型验电器》
45. DL/T320—2019《个人电弧防护用品通用技术要求》
46. DL 778—2014《带电作业用绝缘袖套》
47. DL 779—2021《带电作业用绝缘绳索类工具》
48. DL/T 676—2012《带电作业用绝缘鞋（靴）通用技术条件》
49. DL/T 685—1999《放线滑轮基本要求、检验规定及测试方法》
50. DL/T 699—2007《带电作业用绝缘托瓶架通用技术条件》
51. DL/T 803—2015《带电作业用绝缘毯》
52. DL/T 853—2015《带电作业用绝缘垫》
53. DL/T 877—2004《带电作业用工具、装置和设备使用的一般要求》
54. DL/T 879—2021《便携式接地和接地短路装置》
55. DL/T 880—2021《带电作业用导线软质遮蔽罩》
56. DL/T 971—2017《带电作业用便携式核相仪》
57. DL/T 974—2018《带电作业用工具库房》
58. DL/T 1125—2009《10kV 带电作业用绝缘服装》
59. DL/T 1147—2018《电力高处作业防坠器》
60. DL/T 1209—2013《变电站登高作业及防护器材技术要求》
61. GA 124—2016《正压式消防空气呼吸器标准》
62. DL/T 1476—2015《电力安全工器具预防性试验规程》
63. NFPA 2112—2018《工业人员阻爆燃型防火服标准》
64. DL/T 1659—2016《电力作业用软梯技术要求》